基于 JAVA 的面向对象开发技术

李恩临 著

中国财富出版社

图书在版编目（CIP）数据

基于JAVA的面向对象开发技术／李恩临著．—北京：中国财富出版社，2016.1

ISBN 978－7－5047－5988－7

Ⅰ.①基…　Ⅱ.①李…　Ⅲ.①JAVA语言—程序设计　Ⅳ.①TP312

中国版本图书馆CIP数据核字（2015）第292839号

策划编辑	郑欣怡	责任编辑	徐　宁		
责任印制	何崇杭	责任校对	杨小静	责任发行	斯　琴

出版发行	中国财富出版社		
社　　址	北京市丰台区南四环西路188号5区20楼	邮政编码	100070
电　　话	010－52227568（发行部）	010－52227588转307（总编室）	
	010－68589540（读者服务部）	010－52227588转305（质检部）	
网　　址	http://www.cfpress.com.cn		
经　　销	新华书店		
印　　刷	北京京都六环印刷厂		
书　　号	ISBN 978－7－5047－5988－7/TP·0096		
开　　本	710mm×1000mm　1/16	版　　次	2016年1月第1版
印　　张	10.25	印　　次	2016年1月第1次印刷
字　　数	173千字	定　　价	32.00元

前　言

JAVA 是很有代表性的面向对象开发语言，因其良好的跨平台性等特征，被广泛地应用于软件项目开发领域，成为近年来计算机应用、软件工程、信息管理等专业学习的热点。

在超过十年的 JAVA 语言教学过程中，笔者发现很多学生背记不下来前人总结好的编程经验，这些经验必须在调试程序时通过自己的体会才能深刻理解。因此，本书以程序为先导，通过编程序、调程序、总结程序的方式，调动学生的学习积极性，也使其能更好地掌握 JAVA 语言实用编程技巧。

本书共分 9 章，第 1 章绪论重点介绍 JAVA 编程环境的搭建方法，并利用一个简单程序讲解了 JAVA 语言程序的创建、编译以及运行方法。第 2 章基本语法介绍了 JAVA 语言中变量的命名、创建和调用方法，介绍了简单的输入、输出方法。第 3 章控制结构介绍了程序控制的选择结构和循环结构，并对不同关键字的应用条件进行了详细的解析。第 4 章类和对象是面向对象编程的基础，重点介绍类和对象的概念以及如何设计、创建类，如何实例化对象。第 5 章类的继承，封装、继承、多态是面向对象编程的三大特点，之所以将类的继承单独作为一章来进行讲解，是因为继承对代码重用的巨大贡献，代码重用是提高编程效率和编程质量的重要方法。第 6 章数组和集合类主要讲解两部分内容，一是针对数组的经典算法在 JAVA 中的使用，二是利用数组作为类的属性，增强数组的可操作性，改善数组使用的不便之处，如数组的下角标从零开始。第 7 章异常处理讲解了异常与错误的区别，抛出、捕获、处理异常的方法，自建新的异常种类等知识。第 8 章包讲解了创建和引用包的方法。第 9 章图形化用户界面介绍了如何在 JAVA 中设计友好、易用的操控界面。

十几年前，笔者自学了JAVA语言，深知JAVA学习的艰辛与不易。也清楚地感觉到要想学好JAVA语言，就要不厌其烦地编写程序，剖析程序，本书提供了大量的例程及其详细讲解，希望对各位的学习有所帮助。

作　者

2015年9月

目　录

1 绪 论

1.1 JAVA 语言的发展史

JAVA 语言是 SUN 公司的产品，SUN 是斯坦福大学网络公司的缩写，JAVA 平台和语言最开始只是 SUN 公司在 1990 年 12 月开始研究的一个内部项目。其目的是开拓消费类电子产品市场，这些产品包括自动洗衣机、电烤箱乃至电饭煲等一切"智能"电子产品。SUN 公司的一个叫帕特里克·诺顿的工程师被自己开发的 C 语言和 C 语言编译器搞得焦头烂额，因为其中的 API 极其难用。帕特里克决定改用 NeXT，同时他也获得了研究公司的一个叫作"Stealth 计划"的项目的机会。"Stealth 计划"后来改名为"Green 计划"，詹姆斯·高斯林和麦克·舍林丹也加入了帕特里克的工作小组。他们和其他几个工程师一起在加利福尼亚州门罗帕克市沙丘路的一个小工作室里面研究开发新技术，瞄准下一代智能家电（如微波炉）的程序设计，SUN 公司预料未来科技将在家用电器领域大显身手。

该开发小组发现，消费类电子产品和工作站产品在开发思想上有着巨大的差异，消费类电子产品的用户大多都是非 IT 专业人士，因此他们并不关心 CPU 的型号，也不欣赏专用昂贵的 RISC 处理器，他们只对功能和性能感兴趣，也就是要求可靠性高、费用低、标准化、使用简单。为了使整个系统与平台无关，开发小组首先从改写 C 语言编译器着手。但是随着工作的进一步深入，开发小组发现 C 语言无法满足需要，于是在 1991 年 6 月开始准备开发一个新的语言，并将新语言命名为 Oak——橡树。后来发现 Oak 已被一家显卡制造商注册，才改名为 JAVA，即太平洋上一个盛产咖啡的岛屿的名字，也正是由于这个原因，在 JAVA 语言编写的产品上总会出现一个"咖啡杯"的标志。

JAVA 语言发展到 1994 年，在经历了一次变革后，团队决定改变努力的目标，这次他们决定将该技术应用于万维网。他们认为随着 Mosaic 浏览器时代的到来，互联网正在向同样的高度互动的远景演变，而这一远景正是他们在有线电视网中看到的。

1.2　JAVA 的安装

在安装 JAVA 时，首先需要下载 J2SDK，这是 JAVA 开发环境包的缩写，其中包含 JDK（开发工具包）和 JRE（运行时环境包），JDK 是开发人员必装软件，JRE 则是客户端运行时必装软件。

在安装时，首先双击 J2SDK，如图 1 – 1 所示。

名称		修改日期	类型	大小
j2sdk-1_4_2_04		2004/2/26 23:38	应用程序	50,544 KB

图 1 – 1　J2SDK

然后，会出现图 1 – 2 中的画面，这时选择"I accept the terms in the license agreement"，并点击下一步。

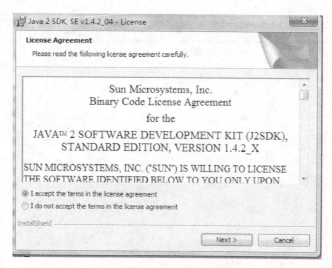

图 1-2　SUN 公司许可协议

之后，可选择 JAVA 的安装路径，如图 1-3 所示。

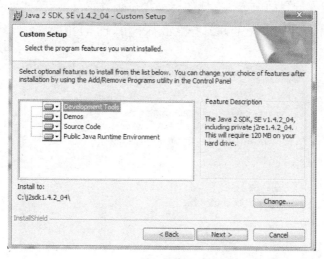

图 1-3　选择 JAVA 安装路径

　　成功安装了 J2SDK 之后，我们还需要配置环境变量之后才能够正常编译和运行 JAVA 程序。在这里我们需要配置三个环境变量：JAVA_HOME，PATH 和 CLASSPATH。

　　JAVA_HOME 直译为 JAVA 的家，其实这里存的是 JDK 的安装目录。首先，右键点击"计算机"，选择"属性"，这样会出现图 1-4 中的界面。

图1-4　计算机属性

在图1-4的界面中选择左侧的"高级系统设置"，这样就进入了图1-5的"系统属性"界面，在这里选择点击右下角的"环境变量"。

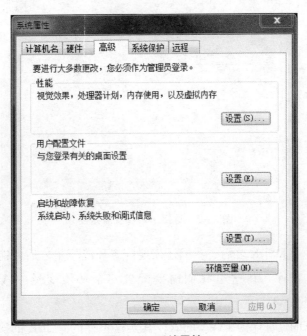

图1-5　系统属性

这时，就出现了图1-6中的"环境变量"界面。

图1-6 环境变量

现在，我们可以开始配置环境变量了，点击"系统变量"中的"新建"按钮，会弹出图1-7中的新建系统变量界面。在变量名中写入"JAVA_HOME"，将JDK的安装路径复制并粘贴到变量值中，如图1-8所示。

图1-7 新建系统变量

图1-8 配置环境变量"JAVA_HOME"

接下来，我们配置环境变量 PATH，PATH 是一个已经存在的系统环境变量，因此我们需要在列表中选中"PATH"，并点击"编辑"按钮。如图 1 – 9 所示。环境变量 PATH 中已经存在变量值，我们将以下内容（% JAVA_HOME% \ bin）连接到变量值的尾部，并用分号隔开，如图 1 – 10 所示，其中的%JAVA_HOME%代表环境变量 JAVA_HOME 的值。

图 1 – 9   选择环境变量"PATH"

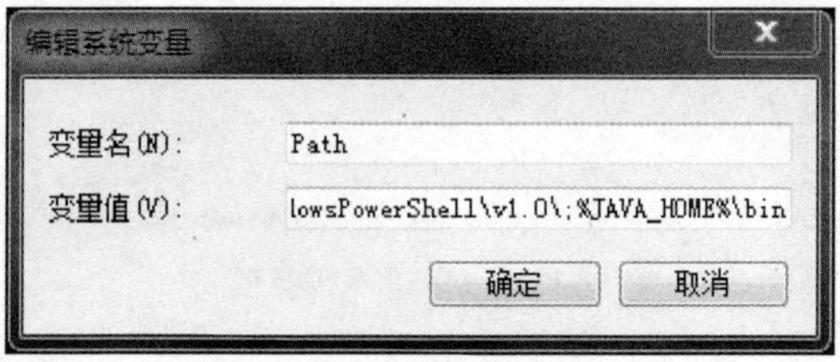

图 1 – 10   配置环境变量"PATH"

最后，我们来配置环境变量"CLASSPATH"，JAVA 程序编写在一系列分散的单元当中，一个应用程序往往需要若干个单元相互调用，CLASSPATH 是用来表示程序应该去哪些地方寻找这些单元。

在系统变量中新建"CLASSPATH"，变量值分为两个部分，用分号隔开。

图 1 – 11　配置环境变量 "CLASSPATH"

第一个部分是符号 "."，该符号代表当前目录；第二个部分是在 JAVA 的安装路径下的 lib 目录。

1.3　第一个 JAVA 程序

很多程序设计语言的教程都选择将从屏幕上输出 "hello world" 作为其第一个例程进行介绍，在这里我们也沿用这个传统。在 JAVA 语言的学习之初，为了能够使读者更扎实地掌握语法规则，我们选择在记事本里进行编程，待基本功扎实之后，再推荐使用其他 IDE 工具。

在用记事本编程的时候，首先在编程文件夹中新建一个文本文档，之后将其重命名为 JAVA 文件，如图 1 – 12 所示。

图 1 – 12　新建 JAVA 程序

在重命名时将文件的扩展名改为 ".java"，这时可以看出文件类型变为了 "JAVA 文件"。有时，我们可能会发现更改了扩展名之后，文件类型依旧是文本文档，这是因为该文件自动隐藏了真正的扩展名，导致文件类型修改失败。这时应该将文件夹选项中的 "隐藏已知文件类型的扩展名" 去掉勾选，再进行重命名，如图 1 – 13 所示。在工具菜单中选择文件夹选项，然后选择查看面板，从复选框中去掉勾选 "隐藏已知文件类型的扩展名"。

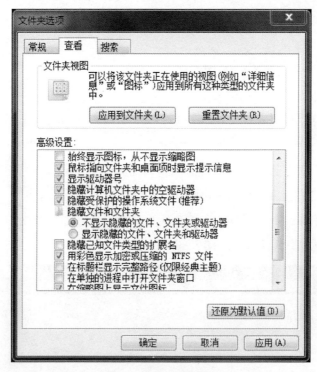

图 1 – 13　文件夹选项

然后，在这个新建的 JAVA 文件中编写代码，目前这个 JAVA 文件的文件名叫作 "HelloWorld"，我们称之为程序名。第一个程序的代码如下：

```
public class HelloWorld
{
    public static void main(String[ ] args)
    {
```

```
        System. out. println( "hello world" ) ;

    }

}
```

程序的第一行是声明一个类，如上文交代过的那样，JAVA 程序是分散地写在一系列单元当中的，一个类就是一个单元。HelloWorld 是类名，这个类名可以与程序名相同，也可以与之不同，不过，如果 class 前边用 public 进行修饰，那么类名和程序名就必须完全相同。

类的声明之后有一对大括号，这是该类的作用范围，后边的所有代码都要写在这对大括号之间。

第二行程序是主函数，主函数是程序开始运行的地方。在学习之初，我们暂时规定主函数的定义方法是固定的，待日后再做详细解释。

public static void main （String ［］ args）

主函数内是一个标准输出语句，在 JAVA 语言中"．"通常代表着函数的调用或者属性的访问。这个程序的运行结果是在屏幕上显示出"hello world"。

System. out. println （"hello world"）；

1.4　编译和运行

程序编写结束之后，需要进行编译和运行才能看到输出结果。所谓程序的编译其实可以理解为翻译，将程序员编写的源代码翻译成 JAVA 虚拟机能够识别的 JAVA 字节码文件。在运行程序时，JAVA 虚拟机会去读 JAVA 字节码文件，而不是源文件，因此，如果对程序做出了修改，一定要重新编译才能够看出修改的效果。

首先，点击"开始"菜单，运行"CMD"，这样将进入 MS – DOS 方式。之后，进入编写程序的目录下。如图 1 – 14 所示。

编译程序遵循以下规则，如图 1 – 15 所示。

javac　程序名 . java

编译成功之后，在屏幕上通常不会有任何提示，这时可以再次打开之前我们创建源文件的文件夹，可以看到其中多了一个". class"文件，这就是

图 1 – 14   MS – DOS 方式

图 1 – 15   编译 JAVA 程序

JAVA 字节码文件。

运行 JAVA 程序遵循以下规则，程序运行结果如图 1 – 16 所示。

java   类名

图 1 –16 运行 JAVA 程序

1.5 标准输出语句详细解析

System. out. println("hello world");

这是 JAVA 语言中的标准输出语句,它有若干种重载形式,首先如上边的例程中所示,它可以打印字符串,也就是在引号中写入任何一句话,它都会原样显示在屏幕上,既可以是英语,也可以是中文。不过,需要注意的是,在 JAVA 语言中出现的一切符号都是英文状态下的符号。

标准输出语句 System. out. println 具有将内容显示在屏幕上之后,自动换行的作用,如果不希望进行换行操作,可以省去最后的两个字母 "ln",这样连续的两个输出结果将出现在同一行中。比如:

System. out. print("hello");

System. out. println("everybody");

System. out. println("大家好");

标准输出语句还可以进行计算,比如输入一个表达式 3 + 7,则程序会输出该表达式的计算结果。

System. out. println(3 + 7);

图 1 – 17　换行语句运行结果

这行程序的运行结果是直接输出数字 10，我们在这里还可以将字符串和运算结果连接起来，这样看起来就是一个完整的表达式。

System. out. println("3 + 7 = " + (3 + 7)) ;

这样程序的运行结果如图 1 – 18 所示。在这行程序中一共出现了三个加号，而每一个加号的作用都不相同。第一个加号是出现在双引号内部的，在双引号内部的内容叫作字符串，无论引号内出现什么内容，都会原样显示在

图 1 – 18　连接字符串并输出

屏幕上，因此这个加号并无实际作用；第二个加号是用来连接字符串和后边的计算结果，任何内容用加号与字符串连接，都会变成一个新的字符串；第三个加号是用来进行实际加法运算的。

1.6 注释

在编写程序的时候，经常需要在程序后边写一些注释，以帮助其他人阅读并理解代码，或者，调试程序的时候需要注释掉一部分语句，让它们暂时不参与运行。这时，我们要用到 JAVA 中的注释。JAVA 中的注释分为两种，一种用来注释一行，另一种用来注释多行。

我们用两个连续的斜线"//"注释一行语句。比如：

System. out. println（"你好"）；   //这是标准输入语句

在这行程序中，JAVA 编译器只解析到分号，双斜线后边的内容是留给程序员读的，编译器会跳过双斜线之后的部分，直至该行结束。

我们用斜线星号和星号斜线的组合来注释多行语句。例如：

System. out. println（"你好"）；   /＊在这中间的多行

语句，都将被注释掉＊/

1.7 本章练习

（1）在你自己的计算机上配置环境变量。

（2）利用本章的知识，尝试编写程序来输出一个以星号组成的 4＊3 的矩形图案。

（3）编译 JAVA 应用程序的源文件后，将产生 JAVA 字节码文件以供运行时使用，该文件的扩展名为（   ）。

A．.java   B．.class   C．.html   D．.exe

（4）下列叙述中正确的是（   ）。

A．Java 语言严格区分大小写   B．程序名与 public 类名可以不相同

C．程序中可以有多个 public 类   D．源程序的扩展名是 .jar

2 基本语法

2.1 简单数据类型

JAVA 语言提供 8 种简单数据类型，具体情况请参见表 2 – 1。

表 2 – 1　　　　　　　　　JAVA 简单数据类型

类型	描述	取值范围
boolean	布尔型	只有两个值 true、false
char	16 位无符号 Unicode 字符	范围从 0 到 65535
byte	8 位带符号整数	［ – 2（7）～ 2（7）– 1］– 128 到 127 之间的任意整数
short	16 位带符号整数	［ – 2（15）～ 2（15）– 1］– 32768 到 32767 之间的任意整数
int	32 位带符号整数	［ – 2（31）～ 2（31）– 1］– 231 到 231 – 1 之间的任意整数
long	64 位带符号整数	［ – 2（63）～ 2（63）– 1］– 263 到 263 – 1 之间的任意整数
float	32 位单精度浮点数	［1. 401e – 45 ～ 3. 402e + 38］
double	64 位双精度浮点数	［4. 94e – 324 ～ 1. 79e + 308d］

从表 2 – 1 中可以看出，JAVA 语言的简单数据类型有 8 种，共分为四个类别：

第一类：整数型（int, long, short, byte）。

整型（int）、长整型（long）、短整型（short）、字节型（byte），它们都是定义了一个整数，其区别在于它们所表示数据的范围有所不同。之所以用不同的类型来表示整数，是因为能够表示数据的范围越大，占用的内存空间也就越大，因此，在程序设计中应该选择最合适的类型来定义整数。默认的整数类型是 int 型，这一点在后续的学习中我们还会强调，要想使用长整型可在后面加"l"或"L"，如：1000L。

第二类：浮点型（float，double）。

单精度型（float）和双精度型（double）是用来存储小数变量的数据类型——浮点数，这个名称是相对于定点数而言的，这个点就是小数点。小数点可以根据需要改变位置。单精度型，占用 32 位内存空间，可以精确到 7 位有效数字，第 8 位的数字是由第 9 位数字四舍五入取得的；双精度型，占用 64 位内存空间，可以精确到 16 位有效数字，第 17 位的数字是由第 18 位数字四舍五入取得的。

第三类：字符型（char）。

char 是单字符型，用来表示字母，且仅能表示一个单一的字母。

char 型在 JAVA 语言中并不是很常用，因为如果要存储字符的话，一般使用扩展的数据类型 String 类，用来存储一连串的字符型变量，我们称之为字符串。

第四类：布尔型（boolean）。

布尔型只能是 true 或者 false，它不能进行任何其他的运算，或者转化为其他类型。

2.2　JAVA 语言中的命名规则

所谓命名，就是给变量、函数等取一个代号，在以后的使用中需要用这个代号指代该变量或者函数。在 JAVA 语言中命名规则可以分为两种：一种是必须执行的规则，也就是如果不执行则会发生编译错误；另一种是行业规则，也就是程序员约定俗成的习惯。

必须执行的规则包括四条：

第一，无论是变量还是函数都不能用关键字为其命名。因为关键字是 JAVA 保留下来拥有特定含义的特殊符号，如果我们用其命名则势必造成歧义。JAVA 中的关键字包括：private, protected, public, final, abstract, static, byte, short, int, long, float, double, char, boolean, void, if, else, switch, case, default, do, while, for, break, continue, return, class, interface, extends, implements，import，package，new，this，super，try，catch，throw，throws，finally，true，false，null，const，goto。这些关键字的具体含义我们会随着课程的深入逐步介绍。第一章中我们已经使用过的关键字有 public，class，void，static。

第二，JAVA 中的变量名和函数名中不能带有空格。因为 JAVA 语句以分号结尾，如果一个变量名中间带有空格，编译器会认为此语句没有以分号结尾，会提示你在空格处加一个分号，而你真的在此处写上了分号之后，又因为分号后边剩下的内容不能单独构成语句而继续发生语法错误。因此，JAVA 的命名规则中不允许带有空格。

第三，在名称中不能带有算术运算符。JAVA 中的算数运算符包括：+、-、*、/、%，即加、减、乘、除和取余操作。这条规则其实很容易被理解，比如我们定义 a = 3，b = 5；之后，我们又为一个变量取名为 a + b，那么如果我们定义 a + b 等于任何一个不是 8 的整数，都会让编译器产生迷惑，究竟 a + b 是一个变量还是代表变量 a 和变量 b 的加和呢？为了消除这种迷惑，JAVA 中不允许变量名称中夹杂任何算数运算符。

第四，JAVA 对变量或者函数名的开头符号有着严格的规定，它只能由 3 个符号构成，分别是：字母、美元符号（$）和下划线（_）。比如，name，$sy，_student，等等，都是合法的名称，2bus、*xy 等都是非法的。

行业规则主要体现在字母的大小写上：

为变量命名时，名称的首字母小写，如果名称由多个单词组成，则从第二个单词开始的每个首字母大写，比如，abc，studentName，等等。

为一个类或者函数命名的时候，名称的首字母要大写，如果名称由多个单词组成，则每一个单词的首字母都要大写，比如，Student，PostgraduatedStudent，等等。

2.3 变量的声明与定义

所谓变量的声明，其实就是在内存中为变量分配一段有名字的地址。在变量声明以前需要做两件事情，一是确定变量的数据类型，二是确定变量的名称。声明变量的一般格式如下：

（修饰符）变量类型 变量名称；

比如：

（private）int a；

在这里我们声明了一个整形变量，也就是这个变量可以用来代表整形数字，它的名称叫作 a。

所谓定义变量其实就是给变量赋初值，一般与声明变量搭配使用，比如我们声明一个整形变量 a，它的初始值是 3，则可以写作：

int a；

a = 3；

变量的声明与定义也可以同时完成，比如：

int a = 3；

需要注意的是，变量定义时我们用到的等号（=）是赋值符号，代表将等号右侧的数值赋给左边的变量，而不是代表两边的值相等，因此反过来写是不正确的。

2.4　运算符和表达式

JAVA 语言中的表达式是由运算符与操作数组合而成的，所谓的运算符就是用来做运算的符号。

JAVA 的一般表达式就是用运算符及操作数连接起来的符合 JAVA 规则的式子，简称表达式。由于 JAVA 语言拥有众多的运算符，因此其表达式也很多。当运算符与操作数结合为表达式之后，就会得到一个计算结果，这个计算结果被称为表达式的值。

2.4.1　算数运算符及其表达式

算数运算符包括加、减、乘、除、取余、递增和递减七种运算，分别用"+、-、*、/、% 、++、--"来表示。

这些操作可以对几个不同类型的数字进行混合运算，为了保证操作的精度，系统在运算的过程中会做相应的转换。在进行自动类型转换的时候，各种数据类型的优先级按照 double，float，long，int 的顺序递减。也就是说，如果在运算过程中有一个操作数是 double 型，则其他操作数也会被自动转化为 double 型，运算结果也是 double 型。在没有 double 型数据参与的计算中，如果有一个操作数是 float 型，则其他操作数也会被自动转化为 float 型的，运算结果也是 float 类型。如果在运算中，最高优先级的操作数是 long 型，那么其他操作数也会被自动转化为 long 型，运算结果也是 long 型。如果运算中的最高优先级操作数是 int 型，则其他操作数会被转换为 int 型，运算结果也是 int 型。这种在运算过程中数据类型的自动向高级转换的机制被称为数据类型的自动提升。

比如下面这个程序，请分析一下它的问题在哪里。

```java
class TypeConversionTest
{
    public static void main( String[ ] args )
    {
        byte a = 6;
        a = a + 5;
        System. out. println( a );
    }
}
```

图 2 - 1　TypeConversionTest 的运行结果

从图 2 - 1 中可以看出，上述程序没有通过编译，发生了"可能损失精度"的错误，这是为什么呢？原因是类似于 1，2，3，4 这样的自然数在 JA-VA 中被理解为 int 型数据，根据我们之前的描述，一个 byte 型数据与一个 int

型数据进行计算，其计算结果会被提升为 int 型，也就是程序中的 a + 5 是 int 型。然而，变量 a 是 byte 型，根据表 2 - 1 我们看出 int 型数据所包含的数据范围要大于 byte 型所涵盖的范围，那么在进行赋值操作的时候，就无法将 int 型结果赋值给 byte 型变量，因此产生了如上错误。

算数运算符中的加、减、乘、除和取余操作就如同我们中学时学过的一样，只是将其写入程序自动计算罢了，在这里我们不再过多地进行讲解。唯一需要强调的问题是，如果两个整形变量进行除法计算，出现了除不尽的情况，JAVA 会对结果进行向下取整。两个 int 型变量进行计算，其结果一定还是 int 型，所谓向下取整就是直接舍弃小数点后边的数字所得到的结果。例如：

```
class IntDevideTest
{
    public static void main( String[ ] args )
    {
        int a = 5;
        int b = 2;
        System. out. println( "5 除以 2 的结果是：" + a/b );
    }
}
```

从运行结果（见图 2 - 2）我们可以看出，5 除以 2 的结果本应等于

图 2 - 2　IntDevideTest 的运行结果

2.5，对其向下取整后，直接舍弃小数点之后的小数部分，所以得到的结果是2。

递增和递减就是控制操作数每次增加 1 或者减少 1，比如下边这个例程。

```
class IncreasingDemo
{
    public static void main(String[ ] args)
    {
        int x = 5;
        int y = 5;
        x + +;
        y - -;
        System. out. println("x = " + x);
        System. out. println("y = " + y);
    }
}
```

递增、递减 IncreasingDemo 的运行结果如图 2 - 3 所示。

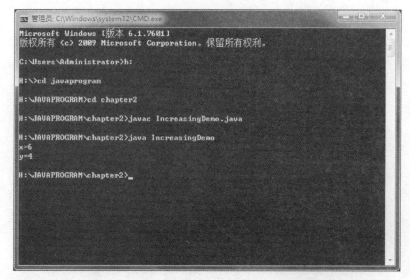

图 2 - 3　递增、递减 IncreasingDemo 的运行结果

另外，关于递增和递减需要注意的是该操作的顺序问题，也就是递增和递减符号究竟是放在变量之前还是之后。比如：

m=i++;　　　//先 m=i，再 i=i+1，即 m=6，i=7

m=++i;　　　//先 i=i+1，再 m=i，即 i=7，m=7

2.4.2　关系运算符及其表达式

JAVA 的关系运算符基本上同数学中的关系运算符是一致的，包括："＞"大于、"＜"小于、"＞＝"大于等于、"＜＝"小于等于、"＝＝"等于、"！＝"不等于。各种关系运算符的使用方法和计算结果请参见表2-2。

表2-2　　　　　　　　　　　　关系运算符

运算符	用法	在什么情况下返回 true
＞	op1 ＞ op2	op1 大于 op2 的时候
＞＝	op1 ＞＝ op2	op1 大于等于 op2 的时候
＜	op1 ＜ op2	op1 小于 op2 的时候
＜＝	op1 ＜＝ op2	op1 小于等于 op2 的时候
＝＝	op1 ＝＝ op2	op1 等于 op2 的时候
！＝	op1 ！＝ op2	op1 不等于 op2 的时候

2.4.3　逻辑运算符及其表达式

在 JAVA 语言中有三种逻辑运算符，它们是 NOT（非，用符号"！"表示）、AND（与，用符号"&&"表示）、OR（或，用符号"｜｜"表示）。各种逻辑运算符的使用方法和计算结果请参见表2-3。

表2-3　　　　　　　　　　　　逻辑运算符

运算符	用法	什么情况下计算结果为 true
&&	op1 && op2	op1 和 op2 都是 true，有条件地计算 op2
｜｜	op1 ｜｜ op2	op1 或者 op2 是 true，有条件地计算 op2
！	！op	op 为 false

需要注意的是，在逻辑表达式的运算过程中，其中的一些条件有可能被"短路"，也就是这些条件的取值发生改变，而逻辑表达式的最终计算结果却

不发生改变。比如：

(5 > 3) | | (a > 4)

该表达式的值永远都是 true，无论 a 的取值是多少，也无论 a > 4 的值是 true 还是 false。

2.4.4　条件运算符及其表达式

条件运算符是一个 3 目运算符，它的符号是："?:"。其一般语法结构是：

op1? op2:op3

第一个操作元 op1 的值必须是 boolean 型数据，运算法则是：当 op1 的值是 true 时，op1? op2：op3 运算的结果是 op2 的值；当 op1 的值是 false 时，op1? op2：op3 运算的结果是 op3 的值。比如：

12 > 8? 100：200 的结果是 100；

12 < 8? 100：200 的结果是 200。

2.4.5　运算符的优先级

JAVA 运算符的优先级如表 2 - 4 所示。

表 2 - 4　　　　　JAVA 运算符的优先级（1 表示最高级）

运算符	优先级
括号（）	1
+ +、- -	2
~、!	3
*、/、%	4
+、-（减）	5
< <、> >、> > >	6
>、<、> =、< =	7
= =、! =	8
&	9
^	10
		11

运算符	优先级
&&	12
||	13
?:	14

2.4.6 强制类型转换

JAVA 决定了每种简单类型的大小。这些大小并不随着机器结构的变化而变化。这种大小的不可更改正是 JAVA 程序具有很强移植能力的原因之一。表 2－5 列出了 JAVA 中定义的简单类型、占用二进制位数。

表 2－5   **简单数据类型占用二进制的位数一览表**

简单类型	boolean	byte	char	short	int	long	float	double
二进制位数	1	8	16	16	32	64	32	64

简单类型数据间的转换，有两种方式：自动转换和强制转换，通常发生在表达式中或方法的参数传递时。自动转换在 2.4.1 算数运算符及其表达式已经介绍过，下面我们就具体介绍一下强制类型转换。将"大"数据转换为"小"数据时，或者在不直接可比的类型之间进行转换，你可以使用强制类型转换。其一般格式是：

（数据类型）变量名或表达式；

例如：

int a = 8；byte b = (byte) a；

就是将变量 a 强制转换成 byte 型后赋值给 b。

本节介绍的是简单数据类型之间的强制转换，简单数据与其他特殊类型数据之间的转换将在后面的章节中进行介绍。

2.5 JAVA 输入语句

JAVA 语言提供很多种不同的输入方式，在本章我们选择利用 EasyIn 类来从键盘输入，其他的输入方式我们将在后续章节中进行介绍。在使用 EasyIn

进行输入时（见表2-6），请首先把光盘中的 EasyIn. java 拷贝到当前目录下，并进行编译，然后就可以使用了。

表2-6　　　　　　　　　　利用 EasyIn 进行输入

输入数据类型	调用方法	输入数据类型	调用方法
byte	getByte（）	int	getInt（）
short	getShort（）	char	getChar（）
long	getLong（）	float	getFloat（）
double	getDouble（）		

EasyIn 的具体使用方法，请参见下面这个例程。

```
class InputDemo
{
    public static void main(String[ ] args)
    {
        int a, b, sum;        //声明两个加数以及两数之和
        System. out. println("请分别输入两个加数");        //输入提示
        a = EasyIn. getInt( );
        b = EasyIn. getInt( );
        sum = a + b;
        System. out. println( "a + b = " + sum);
    }
}
```

在这个例程当中，我们首先声明了两个 int 型的变量作为加数，两个 int 型进行加法运算，其结果自然也是 int 型，因此作为两数加和的变量 sum 也被声明为 int 型。之后是一个输入提示，在键盘输入之前进行输入提示是良好的程序设计习惯，因为将来我们编写的程序可能会遇到不同的使用者，不同的使用者对程序功能的理解是不同的，因此使用输入提示可以减少使用者对程序的错误理解，从而降低使用异常发生的概率。

程序 InputDemo 的运行结果如图2-4所示。

图 2 - 4　程序 **InputDemo** 的运行结果

2.6　本章练习

（1）在 "int x = 10，y = 20，z = 30" 的情况下，逻辑表达式 x < 10 | | y > 10&&z < 10 的值是（　　）。

（2）表达式 3/5 * 28 的值是（　　）。

（3）在 "int a = 3，b = 5" 的情况下，执行 "int c =（a + +）+（+ + b）+ a * b" 以后，c 的值是（　　）。

（4）编写程序解决以下实际问题。假设你是一个导游，现在要为一个旅游团分配房间，在不考虑性别的情况下，从键盘输入旅游团的总人数，假设 6 个人一个房间，程序从控制台输出该团需要的房间数。

（5）执行下面的代码后，x，a，b，c 的值分别是多少。

int x，a = 2，b = 3；x = + + a + b + + + c + +

（6）编写程序解决以下实际问题。首先在控制台显示 " * * * list * * * 1 kilo = 2.2 pounds * * * "，然后提示 "请问你买的这些货物共花费多少钱?"，并从键盘输入。提示 "请问这些货物重多少磅?"，并从键盘输入。最后在控制台自动输出这些货物每磅的价格和每公斤的价格。程序运行结果请参见图 2 - 5。

图 2-5　练习题（6）的运行结果

（7）按照命名规则，下列变量名错误的是（　　）。

A. _bus　　　B. studentNum　　　C. 2student　　　D. $number

（8）设 x=6，则表达式（x++）/3 的值是（　　）。

3 控制结构

本章的主要任务是了解 JAVA 程序的结构，学习使用各种语句结构来控制程序的流程，完成程序的功能任务。JAVA 程序的控制结构分为选择结构和循环结构两大类，分别用 if 语句、if – else 语句、switch 语句、for 语句、while 语句、do – while 语句进行控制。在不同的情况下酌情选择适当的语句，可以收到良好的效果。

3.1 选择结构

选择结构中主要涉及 if 语句、if – else 语句和 switch 语句。

3.1.1 if 语句

if 语句的语法结构为：

    if（条件表达式）

       s1 语句；

这是最简单的单分支结构。条件表达式的结果是 boolean 型变量，该值如果为 true，就执行 s1 语句，否则就忽略 s1 语句，进而直接运行 s1 后边的语句。s1 语句可以是一条语句，也可以是多条语句，如果是多条语句则需要用大括号括起来。

这个语法结构中需要注意的是，在 if（条件表达式）后边千万不能有分号，否则将出现编译错误。

例如：

if(age < 18)

    System. out. print("小伙子") ;

System. out. println("你好");

在上边这个例程当中，如果 age 小于 18，程序则首先会执行 s1，继而执行后边的语句，则该程序的结果是"小伙子你好"。如果 age 不小于 18，程序则会忽略 s1，则该程序的执行结果是"你好"。

在进行语句控制时，有时候我们需要同时判定多个条件，这时就需要利用逻辑运算符将多个判定条件组合起来。如下表所示，JAVA 提供了三种逻辑运算符。

JAVA 提供的三种逻辑运算符

逻辑功能	逻辑运算符	JAVA 语句中的表示
与	AND	&&
或	OR	| |
非	NOT	!

例如，我们考虑 a 既要大于 3 又要小于 10 的情况，在 JAVA 程序中记作：
If((a>3)&&(a<10))
{
    //同时满足这两个条件，将要执行的语句。
}

3.1.2   if...else 语句

if 语句经常会与 else 语句配合使用，形成一个二分支的结构。它的语法格式为：

    if（条件表达式）
        s1 语句；
    else
        s2 语句；

当条件表达式的值为 true 时，程序就运行 s1 语句，忽略 else 和 s2 语句；否则条件表达式的值为 false，程序就会忽略 s1 语句，继而运行 else 后面的 s2 语句。s1 和 s2 可以是一条语句，也可以是多条语句，如果是多条语句则需要用大括号括起来。

例如：

if(age < 18)

    System. out. print("未成年人");

else

    System. out. println("成年人");

3.1.3　if…else 的嵌套结构

对于一些复杂的情况，二分支的 if…else 结构已经无法满足要求，这时可以嵌套使用 if…else 语句。它的语法格式为：

    if（条件表达式 1）

      s1 语句；

    else if（条件表达式 2）

      s2 语句；

    else

      s3 语句；

当条件表达式 1 的值为 true 时，程序就运行 s1 语句，忽略 s2 和 s3 语句；当条件表达式 1 的值为 false 时，程序就会进入 else if 对条件表达式 2 进行判断，如果此时条件表达式 2 的值为 true，则忽略 s1 和 s3 语句，运行 else if 后面的 s2 语句。如果条件表达式 2 的值也为 false，则程序会忽略 s1 和 s2 语句，单独执行 else 后边的 s3 语句。s1，s2 和 s3 都可以是一条语句，也可以是多条语句，如果是多条语句则需要用大括号括起来。

例如：

if（age < 18）

    System. out. print（"未成年人"）；

else if（age > 60）

    System. out. println（"老年人"）；

else

    System. out. println（"成年人"）；

再例如，在判断某一年是不是闰年的程序中，也经常用到这个嵌套结构。判断闰年的法则是"四年一闰，百年不闰，四百年再闰"。

```
class LeapYear
{
    public static void main( String args[ ] )
    {
        boolean leap;
        int year = EasyIn. getInt( );
        if ( year%4！ = 0)
            leap = false;
        else if ( year% 100！ = 0)
            leap = true;
        else if ( year% 400！ = 0)
            leap = false;
        else
            leap = true;
        if ( leap = = true)
            System. out. println( year + "年是闰年" );
        else
            System. out. println( year + "年不是闰年" );
    }
}
```

3.1.4 switch 语句

switch 语句的语法格式为：

```
switch （表达式）
{
    case 常量 1：语句 1；break;
    case 常量 2：语句 2；break;
        ……
    default：语句 n;
}
```

在使用该语句时，需要注意以下几点：

（1）case 后面的常量必须是整数或字符型，而且不能有相同的值。该常量的数据类型需要与 switch 中的表达式的值相同。

（2）通常在每一个 case 中都应使用 break 语句提供一个出口，使流程跳出 switch 语句，也就是接着 switch 语句大括号后边继续运行。否则，在第一个满足条件 case 后面的所有语句都会被执行，这种情况叫作落空。比如下面的例子，是从键盘输入月份，然后判断出该月份出现在一年中的第几季度。

```
class Month
{
    public static void main(String[ ] args)
    {
        int m;
        m = EasyIn. getInt( ) ;
        switch(m)
        {
            case 1：
            case 2：
            case 3：System. out. println("第一季度") ;
            case 4：
            case 5：
            case 6：System. out. println("第二季度") ;
            case 7：
            case 8：
            case 9：System. out. println("第三季度") ;
            case 10：
            case 11：
            case 12：System. out. println("第四季度") ;
            default：System. out. println("请确保输入范围在 1 ~ 12 之间") ;
        }
    }
```

（3）通常在最后要跟一个 default 语句，在所有 case 后面的常量都没有与表达式值相匹配的情况下，就会运行 default 后边的语句。如上边的例子，如果我们输入的月份超过了 1 ~ 12 这个区间，则会执行 default 后边的语句。

3.2　循环结构

循环流程控制语句具有控制某些语句执行多次的功能，这是程序设计语言中不可缺少的一种流程控制语句。

本节将具体介绍三种循环语句，即 while 型循环，do…while 型循环和 for 循环。它们有各自的特点和适用条件，在编程时首先需要根据具体情况选择相应的循环语句。

3.2.1　while 型循环

如果一个循环的条件相对明确，比如：在 a > b 的条件下就进行循环，否则退出循环，则我们会选择 while 型循环结构。

while 型循环流程控制语句的书写格式为：

```
while（表达式）
{
    语句序列；
}
```

while 型循环的执行规则如图 3 - 1 所示，首先需要判断表达式的值，如果值为 true 则运行循环体内的语句，之后再判断表达式的值，如此循环往复直到表达式的值为 false，则跳出循环。

例如：

```
class WhileDemo
{
    public static void main(String[ ] args)
    {
        int a = 4;
```

```
    int b = 2;
    while( a > b )
    {
        System. out. println( "a > b" );
        a - - ;
    }
  }
}
```

该程序运行时，首先判断表达式 a > b 的值，因为 4 > 2 成立，所以该表达式的值为 true，则运行循环体，打印出 "a > b"，并且执行 a 自减 1，此时 a = 3。其次判断表达式 a > b 的值，因为 3 > 2 成立，所以该表达式的值为 true，则运行循环体，打印出 "a > b"，并且执行 a 自减 1，此时 a = 2。最后判断表达式 a > b 的值，因为 2 > 2 不成立，所以该表达式的值为 false，跳出循环，程序结束。

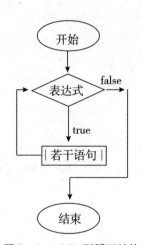

图 3 - 1　while 型循环结构

3.2.2　do…while 型循环

do…while 型循环与 while 型循环的区别在于判断表达式和执行循环体的顺序。do…while 型循环首先执行循环体，之后再判断表达式，如果此时表达式成立，则继续执行循环体，否则就停止执行。也就是说 do…while 型循环无论表达式是否成立，都至少会执行一次循环体。

do...while 语句的语法格式：

```
    do
  ｛
      语句序列
  ｝ while(表达式);
```

do...while 语句的执行规则如图 3 - 2 所示。什么时候使用 do...while 循环呢？有些情况下，不管条件表达式的值是 true 还是 false，你都希望把指定的语句至少执行一次，那么就应使用 do...while 循环。看下面的例子，该程序的功能是求 1 + 2 + ⋯ + 100 之和。

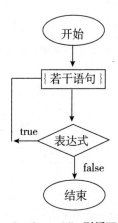

图 3 - 2 **do...while** 型循环结构

例如：

```
class Sum
｛
  public static void main(String args[ ])
  ｛
  int n = 1;
  int sum = 0;
  do
  ｛
```

```
        sum + = n + + ;
    }  while ( n < = 100 );
    System. out. println ( " 1 + 2 + … + 100     = " + sum );
    }
}
```

请注意，与 while 型循环不同，do…while 型循环中，while（表达式）的后边一定要有分号，代表循环结构结束于此。

3.2.3　for 循环结构

如果程序的循环次数是明确的，则推荐使用 for 循环结构。for 循环采用一个计数器控制循环次数，每循环一次计数器就加 1，直到完成预先设定好的循环次数，程序才会跳出循环。

for 语句的语法格式：

```
for（表达式 1；表达式 2；表达式 3）
{
    若干语句
}
```

for 语句的执行规则如图 3 - 3 所示，程序进入循环结构后，首先初始化循

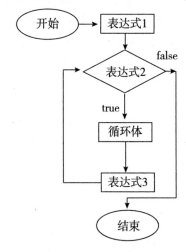

图 3 - 3　for 循环结构

环变量 i，也就是表达式 1，然后判断表达式 2，如果表达式 2 成立，则会运行循环体，然后执行表达式 3，通常是循环变量自加，这样一轮循环完成。再次进入循环结构的时候，就不再执行循环变量初始化，而是直接判断表达式 2，如果表达式依旧成立则继续执行循环体，再进行 i++，直到表达式的值为 false，程序跳出循环。

例如，如果想输出"第 1 天，第 2 天，…，第 10 天"，因为循环的次数明确为 10 次，因此建议使用 for 循环结构。

```java
class ForDemo
{
    public static void main(String[] args)
    {
        for(int i = 1;i < 11;i++)
        {
            System.out.println("第" + i + "天");
        }
    }
}
```

3.2.4 嵌套循环

很多时候，单独使用一个循环结构无法满足我们的功能需求，这个时候就要求几个循环进行嵌套使用。例如，我们想使用 * 号打印出一个 4 * 3 的矩形。则需要两个 for 循环语句进行嵌套使用。

```java
class Rectangle1
{
    public static void main(String[] args)
    {
        int length = 4;
        int width = 3;
        for(int i = 1;i < = 3;i++)
        {
```

```
    for( int j = 1 ;j < = 4 ;j + + )
      System. out. print( " * " ) ;
    System. out. println( ) ;
  }
}
}
```

需要注意的是，第一个打印语句 System. out. print （ ），一定不能有"ln"，因为此处是要横排打印星号，不可以换行。

对上边的程序还可以进行扩展，将其功能扩展为从键盘输入一个矩形的长度和宽度，并输入你想用什么符号来组成矩形。具体程序如下：

```
class Rectangle
{
  public static void main( String[ ] args)
  {
    int length ,width ;
    char symbol ;
    System. out. println( "请输入符号" ) ;
    symbol = EasyIn. getChar( ) ;
    System. out. println( "请输入长度和宽度" ) ;
    length = EasyIn. getInt( ) ;
    width = EasyIn. getInt( ) ;
    for( int i = 1 ;i < = length ;i + + )
    {
      for( int j = 1 ;j < = width ;j + + )
        System. out. print( symbol) ;
      System. out. println( ) ;
    }
  }
}
```

除了可以进行单纯的循环语句嵌套操作之外，有时我们在循环当中还需要进行判断。也就是进行循环语句与条件语句的嵌套，如下面的例子。假设我们有 100 匹马和 100 个袋子，马分为 3 种：大马、中马和小马。大马可以驮 3 个袋子，中马可以驮 2 个袋子，3 匹小马可以共同驮 1 个袋子。请编写程序来进行大马、中马、小马的分配方案。

从这个问题中我们很容易列出两个方程，即设大马数量为 X，中马数量为 Y，小马数量为 Z。即有：

$$X + Y + Z = 100 \tag{1}$$

$$3X + 2Y + Z/3 = 100 \tag{2}$$

现在我们共有 3 个未知数，2 个方程，无法直接求解，只能用枚举法进行正确解的试凑。计算机因其运行速度快，在进行试凑时具有得天独厚的优势。

```java
class Horse
{
    public static void main(String[] args)
    {
        for(int x = 0; x < = 33; x + +)
        {
            for(int y = 0; y < = 50; y + +)
            {
                int z = 100 - x - y;
                if(((3 * x + 2 * y + z/3) = = 100)&&(z%3 = = 0))
                System.out.println("大马:" + x + "中马:" + y + "小马:" + z);

            }
        }
    }
}
```

在上面的例子中，因为大马最多只需要 33 匹，因此 X 的循环次数控制在 33 以内，中马最多需要 50 匹，因此 Y 的循环次数控制在 50 以内。

3.3　跳转语句

在 JAVA 语言中包含三种跳转语句，即：break、continue 和 return 语句。跳转语句可以控制运行中的程序跳转到程序的其他部分。确切地说，try、catch 和 finally 也有跳转的功能，这三个关键字我们将在异常处理中讲到。

3.3.1　break 语句

有时我们需要在循环语句没有执行完之前就提前终止循环，这时可以使用 break 语句直接强行退出循环，在循环中遇到 break 语句时，循环被终止，程序控制在循环后面的语句重新开始。可以使用 break 语句从 while 循环、do…while 循环、for 循环以及 switch 结构中跳出。

比如下面这个例子：

```
class BreakDemo
{
    Public static void main(String[ ] args)
    {
        int i = 1;
        while(i < = 10)
        {
            System. out. println("i = " + i);
            i + +;
            if(i = = 4)
                break;
        }
    }
}
```

根据这个 while 循环结构，i 应该从 1 循环至 10，但是在 i = 4 的时候触发了 if 条件语句，程序运行 break 语句从而跳出了当前的循环结构。

需要注意的是，JAVA 当中的 break 语句通常只能使程序从最内层的循环结构或者 switch 结构中跳出。如果我们希望程序从多层嵌套结构中跳出，则需要使用标记的 break 语句（labeled break statement）。在操作中，首先需要在我们希望跳出的最外层设置一个标记，并以冒号结尾，比如，"labeledPart"。然后在适当的地方运用 break 语句来跳出整个嵌套结构。

如下边的例子：

```java
class LabeledBreakDemo
{
    public static void main(String[] args)
    {
        String rectangle = "";
        outerLoop:
        {
            for(int i = 1; i < = 10; i + +)
            {
                for(int j = 1; j < = 5; j + +)
                {
                    If(i = = 5)
                        break outerLoop;
                    rectangle + = " * ";
                }
                System. out. println();
            }
        }
    }
}
```

上边的程序运行结果是打印出 4 * 5 的矩形，如果没有标记 break 语句的打断，这个程序与我们在嵌套循环中的那个例子十分相似，将打印出 10 * 5 的矩形，但是，当程序运行到 i = 5 的时候，触发了 "break outerLoop" 语句，从而程序跳出了预先设置好的循环结构。

3.3.2 continue 语句

与 break 语句相似，continue 语句也有带标签与不带标签两种使用格式。当我们在循环中执行到 continue 语句时，程序会跳过本次循环的剩余语句，转而去继续判定循环条件，用以提前结束本次的循环，提早进入下一次循环。

例如：

```
class ContinueDemo
{
    Public static void main(String[ ] args)
    {
        Strings = "";
        for(int i = 1;i < = 5;i + + )
        {
            if(i = = 3||i = = 4)continue;
                s = s + i;
        }
    }
}
```

如果没有 continue 语句，该程序的执行结果应该是顺序打印出 1 至 5，但由于受到 continue 语句对控制结构的影响，当 i = 3 和 4 的时候，程序跳过了本次循环的剩余语句，提前结束了此次循环，所以在输出的时候，缺少了 3 和 4。

使用与 break 语句相类似的标记的 continue 语句可以跳过嵌套结构中的剩余语句。

作为跳转语句的 return 语句，将在下一节"函数"部分做详细说明。

3.4 函数

3.4.1 函数的概念

函数的英文叫作 function，又可翻译为功能。函数其实就是可以单独实现某一功能的小程序。无论是定义一个函数，还是调用一个函数，函数名的后边都紧跟着一对括号。括号里可以放置参数，参数是一个函数的输入部分。根据函数的具体功能，有的函数会有返回值。所谓返回值就是函数实现功能之后所得到的结果，也就是函数的输出部分。函数的命名需要遵循第 2 章所介绍的命名规则。

3.4.2　函数的定义与调用

定义一个函数的语法格式如下：

修饰符　返回值类型　函数名（声明参数列表）

```
{
    执行语句；
    return 返回值；//取决于是否有返回值
}
```

返回值类型也就是函数运行后的结果的数据类型，对于普通函数来说，这个位置不允许为空，如果该函数没有返回值，那么这个位置写 void。在函数名后边的括号内进行形式参数的声明，形式参数是一个变量，用于存储调用函数时传递给函数的实际参数。参数列表中可以声明多个参数，用逗号隔开。需要注意的是，每一个参数都需要被单独声明，这与我们平时声明变量有所不同，比如：

int a，b，c，d；　　//声明 4 个整型变量

函数名(int a，int b，int c，int d)　　//声明 4 个整型参数

下面我们就设计一个"加法"函数，用以进行两个整型数字的相加，返回两数的加和。

```
static int add(int a，int b)
{
    return a + b；
}
```

根据我们在第 2 章学过的知识，两个整型变量进行计算所得到的结果一定是整型。因此，该函数的返回值类型是整型。在参数列表中声明两个形式参数 a 和 b，用以作为函数的输入，最后函数所执行的命令是返回两个参数的加和。

定义了函数以后，我们就可以在主函数或者其他函数中调用它，下面的程序我们将执行从键盘输入两个加数，然后调用加法函数，再输出其加和。

```
class Add
{
    public static void main(String[ ] args)
    {
        int a, b, sum;
        System. out. println("a");
        a = EasyIn. getInt( );
        System. out. println("b");
        b = EasyIn. getInt( );
        sum = add(a,b);
        System. out. println(sum);
    }
    static int add(int a, int b)
    {
        return (a + b);
    }
}
```

在编写这个程序的时候，需要注意声明函数的位置，既不能将函数的声明写到 class 的外部，也不能将函数的声明写进主函数的内部，add 函数与主函数必须是并列的。另外，函数的声明可以放到主函数的前边，也可以放到主函数的后边，没有固定的顺序。

之前我们编写过用 100 匹马驮 100 个袋子的程序，下面请将其改写。第一，要求用函数完成主要计算功能；第二，要求从键盘输入一共有多少匹马，多少个袋子。

程序如下：

```
class calculateHorses
{
    public static void main(String[ ] args)
    {
        System. out. println("请输入一共有多少匹马");
```

```
        int horse = EasyIn. getInt( ) ;
        System. out. println("请输入一共有多少袋子") ;
        int bag = EasyIn. getInt( ) ;
        Calculate( horse, bag) ;
    }
    static calculate( int horse, int bag)
    {
        for( int x = 0; x < = bag/3; x + + )        //x 代表大马
        {
            for( int y = 0; y < = bag/2; y + + )
            {
                int z = horse - x - y;
                if( ( (3 * x + 2 * y + z/3) = = bag)&&(z%3 = =0))
                System. out. println("大马:" + x + "中马:" + y + "小马:" + z) ;
            }
        }
    }
}
```

3. 4. 3 函数的重载

重载是函数的一种特殊情况，为方便使用，允许在同一范围中声明几个功能类似的同名函数，但是这些同名函数的参数列表（指参数的个数、类型或者顺序）必须不同，也就是说用同一个运算符完成不同的运算功能，这就是重载函数。

比如我们之前写过的加法函数，能进行 2 个整型数据的加和，如果希望其既能够实现 3 个整型数据的加和功能，又保留原有功能，则可以利用添加一个重载函数来完成。

```
class addOverloaded
{
    public static void main( String[ ] args)
```

```
    {
        int a, b, sum;
        System. out. println("a");
        a = EasyIn. getInt();
        System. out. println("b");
        b = EasyIn. getInt();
        sum = add(a,b,15);
        System. out. println(sum);
    }
    static int add(int a, int b)
    {
        System. out. println("add1");
        return (a + b);
    }
    static int add(int a, int b, int c)
    {
        System. out. println("add2");
        return (a + b + c);
    }
}
```

3.5　本章例程

（1）
```
classDemo3 - 1
{
    public static void main(String args[ ])
    {
        boolean test = true;
        int i = 0;
```

```
    while (test)
    {
        i = i + 2;
        System. out. println("i = " + i);
        if (i > = 10)
            break;
    }
    System. out. println("i 为" + i + "时循环结束");
    }
}
```

(2)

```
classDemo3 - 2
{
    public static void main(String args[ ])
    {
        for (int i = 2;i < =9;i + =2)
        {
            if (i = =6)
            continue;
            System. out. println(i + "的平方 = " + i * i);
        }
    }
}
```

(3)

```
class C3
{
    public static void main(String args[ ])
    {
        lab1:
        {
```

```
for ( int i = 1 ; i < = 3 ; i + + )
{
    for ( int j = 1 ; j < = 3 ; j + + )
    {
      System. out. println( " i:" + i + "   j:" + j) ;
      if ( i + j > 3)
      {
        System. out. println( " Continue" ) ;
        continue lab1 ;
      }
      System. out. println( " i = " + i + "   j = " + j) ;
    }
  }
}
```

3.6 本章练习

（1）编写如下要求的程序。运行程序后，程序提示你请输入这次考试的得分，要求此分数在 0 ~ 100，如果超出此范围，则需要重新输入。如果得分小于 60 分，则显示你没有及格；如果得分不小于 60 分，则显示恭喜你，及格了。

（2）编写如下要求的程序。运行程序后，程序提示你请输入两个整数，然后出现一个选择菜单。

> 1. 输出两数的和；
> 2. 输出两数的差；
> 3. 输出两数的乘积；
> 4. 输出两数的商；
> 5. 退出。

只要不选择退出，则循环出现此菜单，选择了 1~4 任何一个选项，则需要输出相应的结果。

（3）利用函数的重载规则，自行设计并编写一个程序。

（4）利用"＊"打印出等边三角形。

（5）下面这段代码的运行结果是什么？

```
int step = 1;
for( int i = 1; i < = 5; i + + )
{
    step + = i;
}
System. out. println( step);
```

4 类和对象

4.1 面向对象的基本概念

面向对象编程（Object Oriented Programming，OOP），是一种设计程序的思想。所谓程序设计，就是将现实世界所发生的一切用程序模拟出来。面向对象的思想就是将世间万物都看作是对象，现实世界所发生的一切都被抽象为对象和对象之间的关系。

给对象下一个简单的定义，可以直白地表示为"Everything is object"——万物皆对象。我们也可以用图 4 - 1 来描述。

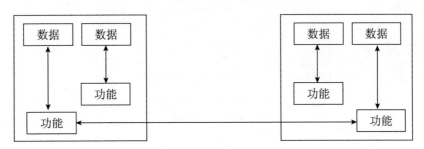

图 4 - 1　对象示意

每个对象都有自身的数据或者叫作属性，比如年龄、身高、体重、性别，等等。同时，每个对象也都有功能，这些功能可以对数据做出修改，或者可以用以与其他对象的交互，比如吃饭、改名字或者问问题，等等。

所谓的类，可以理解为是一种对象的集合，或者干脆就把它理解为一种由我们自己创建的类型。

4.2 类

4.2.1 类的设计

在这里我们引入统一建模语言（UML）中的类图作为类的设计工具，类图就是将一个矩形框分为三个部分，分别代表类的"类名""属性"和"方法"。属性就是这种类型的对象所拥有的数据，方法就是该类型对象所拥有的功能。比如，我们设计一个 Person 类，"人"需要的属性包括姓名和年龄，然后假设他有一个功能就是能大声地喊出自己的年龄。

我们用 UML 图（见图 4－2）来设计这个类：图中的第一部分代表类名；第二部分代表属性，冒号前是属性名，冒号之后是该属性的数据类型，既可以是简单数据类型也可以是复合数据类型；第三部分代表方法，如果该方法有参数，则需要将参数的数据类型逐一写进括号里，并用逗号隔开。如果该方法有返回值，则在括号的后边加一个冒号，将返回值的数据类型写在冒号后边。

Person
name:String age:int
shout（ ）

图 4－2　UML 图

4.2.2 类的定义

类的定义其实就是将 UML 图"翻译"为程序的过程。下面我们就将 Person 的 UML 图转化为程序。

```
class Person
{
    //首先声明属性
    String name = "Jack" ;
```

```
int age = 3;
//下面声明方法
public void shout()
{
    System. out. println("我叫" + name);
    System. out. println("我今年" + age + "岁了");
}
}
```

这样，我们就得到了一个新的"类型"——Person 型。

需要注意的是，类的属性被声明在类的主体中，但不在方法体中声明。类的方法中可以声明变量，称为局部变量。局部变量的作用域在方法内部，可与属性同名。如果某些方法有返回值，则方法体中必须包含 return 语句，程序执行到 return 就返回而忽略其后所有语句；当一个方法不需要返回值时，返回类型为 void，此时方法体中一定不能包含 return 语句。

4.3　对象

4.3.1　对象的创建

Person 类编写结束之后，我们可以发现这个程序是只能编译而不能运行的，如果尝试运行的话，编译器会报出缺少主函数的错误。正如前文所说，所谓定义一个类，其实就是创造出一种新的类型，这个类型的作用是在其他程序中允许我们用它来创建该类型的对象。

创建对象的语法格式是：

类名　对象名 = new　类名（参数列表）；

以 Person 类为例，下面我们创建一个名为 p 的对象：

Person p = new Person();

类就好像是制作对象的模具，利用一个类可以创建出多个相同类型的对象，每个对象有各自的内存空间，不会互相影响。

4.3.2 对象的使用

创建了对象之后，该对象就具备了该类型所设计拥有的一切属性和方法。在程序中可以对这些属性和方法进行调用，调用时所使用的符号为"."。

例如：

p. shout( )；   //调用 shout 方法，执行方法体中所定义的功能。

p. name；   //调用 name 属性，既可以访问也可以修改。

下面我们就完整地编写一个例程，用来检验和使用 Person 类。

```
class PersonTester
{
    public static void main(String[ ] args)
    {
        Person p = new Person( );    //创建了一个 Person 型的对象
        p. shout( );    //调用了 shout 方法
    }
}
```

4.4 类的封装

在编程的实践当中，我们发现，可以在主函数中，也就是类的外部随意对类的属性进行修改。

例如，我们可以在之前的程序中加入：

p. age = 3000；

这时再运行程序，你就会发现程序的运行结果是："我今年 3000 岁了。"这些修改操作起来非常简便，但是也带来了一定的隐患，那就是有的修改并不科学，或者说类的编写者无法控制一些不应发生的修改。这个时候，我们就需要引入一种新的机制——封装。

所谓封装，就是将类的属性关在类的内部。这样可以阻止从类的外部不受控制地对属性进行访问或者修改。封装的具体方法就是将所有的属性用 private 修饰。

例如：

private String name = " Jack" ;

private int age = 3 ;

在封装了之后，我们再编译刚才的程序，就会发现语句 p. age = 3000；报错了。可以起到保护类的属性不能随便被篡改的目的。

4.5 类的方法

方法，也叫作成员方法，就是反映某类对象所具备的功能。在封装的前提下，任何在类的外部对属性的访问和修改都需要被"授权"，这些授权就是提供必要的方法，让有必要被访问的属性可以被访问，让有必要被修改的属性可以被修改。

4.5.1 set 方法和 get 方法

set 方法一般用来对属性进行赋值或者修改，因此 set 方法都带有参数，根据具体情况有可能带有返回值。比如，如果需要对 Person 中的 age 进行修改，那么在 Person 类中就会提供如下方法：

```
public void setAge( int ageIn )
{
    age = ageIn ;
}
```

这样，在主函数中如果需要改变 age 属性，就可以通过调用 setAge 方法进行，如果想防止在改变 age 时出现改动不科学的情况，可以在 set 方法中加入 if 语句，对改动的范围做出规定。

例如：

```
public void setAge( int ageIn )
{
    if( ( ageIn > 0 )&&( ageIn < 120 ) )
        age = ageIn ;
    else
```

```
    System. out. println("您输入的年龄不合法,请重新输入。");
}
```

另外,还有一个情况需要说明,在 set 方法中,参数名取为 ageIn,便于理解,能够看出该参数是将要为属性 age 赋值的。有的时候还可以将参数取名为 age,也就是与属性重名,这时在赋值的时候就需要区分属性和参数,在这里我们引入 this 关键字,用以指代将要出现的还未命名的对象,这样 this. age 就代表了属性 age。

例如:

```
public void setAge(int age)
{
    this. age = age;
}
```

get 方法用于从类外访问类的属性,该方法将返回属性的值。比如我们想查询对象的姓名,则需要调用 p. getAge 方法。getAge 方法的定义方法如下:

```
public int getAge()
{
    return age;
}
```

在上述的 get 方法中,我们需要访问的是属性 age,因为 age 的数据类型是整型,因此该方法的返回值类型是整型。在方法体中,利用 return 语句返回属性 age 的值。

4.5.2 构造方法

构造方法是用来初始化对象的方法,所谓初始化对象,就是为对象的属性赋初值。

构造方法有四个特点:

第一,构造方法必须与类重名,也就是说,Person 类的构造方法必须取名为 Person。

第二,构造方法没有返回值类型。请注意,构造方法不是单单没有返回值,没有返回值的普通成员方法要在返回值类型处写 void,而构造方法是不写 void 的。下面就以 Person 类为例，编写一个构造方法：

public Person（String nameIn，int ageIn）

｛

   name = nameIn；

   age = ageIn；

｝

第三，构造方法是需要隐式调用的方法，也就是在声明对象的时候自动调用。

Person p = new Person （参数列表）；　　//构造方法被隐式调用

p. shout （）；　　//成员方法被显式调用

第四，如果在类中没有定义构造方法，那么编译器会自动生成一个不带参数的构造方法，如果在类中已经有构造方法被声明，那么编译器就不再自动生成构造方法了。

public Person （）　　//编译器自动产生的构造方法

｛

｝

最后，我们将前边设计过的 Person 类重新设计，如图 4 – 3 所示。

Person
name:String age:int
Person(String,int) setName(String) setAge(int) getName():String getAge():int shout()

图 4 – 3 **Person 类设计**

4.6 访问权限修饰符

JAVA 中共提供 3 类访问权限修饰符，类中各方法和属性的访问权限按照级别从高到低依次是：公有的（public）、受保护的（protected）、友好的（不用任何修饰符）和私有的（private）。访问权限修饰符只适用于类的属性和方法，不能修饰方法中的局部变量，如表 4 – 1 所示。

表 4 – 1　　　　　　　　　　　访问权限修饰符

权限	本类中	同一包中	不同包子类	不同包其他类
公有的	可以	可以	可以	可以
受保护的	可以	可以	可以	
友好的	可以	可以		
私有的	可以			

4.7　String 类

String 作为一种数据类型，自第 1 章起就开始使用了。通过第 2 章关于 JAVA 中命名规则的学习，我们知道 String 不是一个关键字，而是一个类名。String 类与 Person 类的区别在于，Person 类是我们自行编写的，而 String 类是 JAVA 中自带的。

String 被用来定义"字符串"类型，是由一连串字符所构成的对象，比如说："hello""你好""984577Y"都是字符串。我们用以下方法来进行字符串类型对象的定义：

String str;

Str = new String( ) ;

以上的两行字符串定义语句也可以合并为一行：

String str = new String( ) ;

通过以上两种方式，我们就得到了一个空的字符串。其实也就是调用了 String 类中的不带任何参数的构造方法。String 类同时也提供了具有参数的构造方法，以便用其来定义带有初值的字符串，比如：

String str = new String("hello world") ;

这个字符串也可以是汉语，只是需要注意在语句中的其他符号都必须是英文状态下的符号。

String str = new String("你好") ;

除了以上这些利用构造方法对字符串进行赋初值的方式以外，还有一种简便的方式，就是利用第 2 章我们学过的赋值运算符——等号。等号既可以为 int，double，float 等简单数据类型赋值，也可以用来为字符串赋值，比如：

String str = "你好"；

作为一个类，String 包含着一系列成员方法，下面我们就对 String 中的常用方法做以下说明，如表 4 - 2 所示。

表 4 - 2　　　　　　　　　　　**String 中的常用方法**

方法名称	功能描述	输入参数	返回值
length	返回字符串长度。在字符串中，每一个字符的长度为 1，字符串长度也就是字符串中所包含的字符个数	无参数	整型变量
substring	该方法的功能是从一个字符串中截取一部分子串。该方法接受两个整型参数用以标记子串的起始和结束位置。第一个参数表示子串的起始位置，并在第二个参数减 1 处结束。另外，需要注意字符串的角标与数组相同，都是从 0 开始	2 个整型参数	字符串
charAt	用来返回指定位置的字符	1 个整型参数	1 个字符
equals	用来比较两个字符串中的内容是否相同，如果相同就返回 true，否则返回 false	String 型对象	布尔型变量
toUpperCase	返回原字符串的全大写形式	无参数	字符串型对象
toLowerCase	返回原字符串的全小写形式	无参数	字符串型对象
startsWith	判断字符串是否由某一个子串开头，如果是返回 true，否则返回 false	字符串型对象	布尔型变量
endsWith	判断字符串是否由某一个子串结尾，如果是返回 true，否则返回 false	字符串型对象	布尔型变量

第一个方法 length，请特别留意一下，在这里 length 是成员方法，因此在调用的时候，方法名后边一定要跟一个括号，比如返回字符串 str 的长度：str. length（）。在后边的学习中，我们还会遇到一个不带括号的 length，请注意不要混淆。

第二个方法 substring（m，n），是一个比较容易出错的方法，在使用时需要注意两点，一是子串的结束位置是 n - 1 处，二是整个字符串的起始位置从角标为 0 开始。因此，如果我们要截取一个字符串的第二到第四个字符作为子串，则需调用 substring（1，4）。因其角标从 0 开始，所以第一个参数是 1，就是第二个字符。

在比较两个字符串的内容是否相同时，不能够使用双等号"＝＝"，而需要使用方法 equals。我们可以尝试运行以下两个例程。

```
class TestSting1
{
    public static void main( String[ ] args)
    {
        String a = new String( "abc" );
        String b = new String( "abc" );
        if( a ＝＝ b )
            System. out. println( "相同" );
        else
            System. out. println( "不同" );
    }
}
```

虽然两个字符串的内容都是 abc，是完全相同的，但是从程序的运行结果我们可以看出，程序并没有将其视作"相同"。

```
class TestEquals
{
    public static void main( String[ ] args)
    {
        String a = new String( "abc" );
        String b = new String( "abc" );
        if( a. equals( b) )
            System. out. println( "相同" );
        else
            System. out. println( "不同" );
    }
}
```

通过 String 类中提供的 equals 方法，可以比较出两个字符串的内容是否相同。另外，关于这个方法还有一个技巧，如果我们想知道字符串 str 的内容是不是"abc"，应该写作：

"abc". equals(str) ;

而不是，

str. equals("abc") ;

这样可以避免字符串 str 可能为空而带来的异常。

下面，我们运行以下程序，形象地观察一下表 4 - 2 中各成员方法的调用和运行情况。

```
class TestString2
{
    public static void main( String[ ] args)
    {
        String str = new String( "abcdefghijk") ;
        System. out. println( "字符串长度是" + str. length( )) ;
        System. out. println( "字符串第 2 个字符是" + str. charAt( 1)) ;
        System. out. println( "字符 3—7 是" + str. substring( 2,7)) ;
        System. out. println( "字符串大写形式是" + str. toUpperCase( )) ;
        //下面请判断字符串是不是以字母 S 开头
        if( str. startsWith( "S"))
            System. out. println( "Y") ;
        else
            System. out. println( "N") ;
    }
}
```

最后，我们介绍一下涉及字符串的数据类型转换。在编程时经常遇到一些数字类型的字符串，比如说 str = "12"，表面上看来 str 的值是 12，但是因为它是 String 型的，所以不能直接参与运算，如果想要运算的话就需要将其转化成 int 型或者 double 型，转换的方式如下：

int a = Integer. parseInt(str) ;

或者，

double a = Double. parseDouble(str) ;

将 int 型或者 double 型等类型的数字转换成字符串，操作上会更简便一些，只需要在其前边或者后边用加号连接一个空字符串即可，比如：

String str = " " + 2 ;

或者,

String str = 2 + " " ;

4.8 本章例程

1. 设计并编写一个长方形类（见图 4 - 4）

Oblong
length:int width:int
Oblong(int, int) setLength(int) setWidth(int) getLength():int getWidth():int calculateArea():int calculatePerimeter():int

图 4 - 4　长方形类

```
class Oblong
{
    private int length, width;
    public Oblong( int le, int wi)
    {
        length = le; width = wi;
    }
    public void setLength( int le)
    {
```

```
        length = le;
          }
      public void setWidth( int wi)
          {
      width = wi;
          }
      public int calculatePerimeter( )
          {
          return 2 * ( length + width) ;
          }
      public int calculateArea( )
          {
          return length * width;
          }
      }
```

2. 设计并编写一个学生类（见图 4 - 5）

Student
name:String studentNum:String markOfChinese:int markOfMath:int markOfEnglish:int
Student(String, String) Student(String,String,int,int,int) setMarks(int, int, int) setName(String) setStudentNum(String) getName():String getStudentNum():String calculateAverageMark():int

图 4 - 5　学生类

```
class Student
  {
```

```java
private String name;
private String num;
private int markOfMath, markOfChinese, markOfEnglish;
public Student(String nameIn, String numIn)
{
    name = nameIn;
    num = numIn;
}
public Student(String nameIn,String numIn, int math, int chinese,int english)
{
    name = nameIn;
    studentNum = numIn;
    markOfMath = math;
    markOfChinese = chinese;
    markOfEnglish = english;
}
public void setMarks(int math, int chinese,int english )
{
    markOfMath = math;
    markOfChinese = chinese;
    markOfEnglish = english;
}
public void setName(String nameIn)
{
    name = nameIn;
}
public String getName()
{
    return name;
}
```

```
public void setStudentNum(String num)
{
    studentNum = num;
}
public String getStudentNum()
{
    return num;
}
public int calculateAverageMark()
{
    return (math + chinese + english)/3;
}
}
```

3. 设计并编写一个员工类（见图4-6）

Employee
name:String Num:String salary:double
Employee(String, String) setName(String) getName():String getNum():String setSalary(double) getSalary():double calculateMonthlyPay():double

图4-6　员工类

```
class Employee
{
    private String name;
    private String num;
    private double salary;
```

```java
    public Employee( String nameIn, String numIn)
    {
        name = nameIn;
        num = numIn;
    }
    public void setName( String nameIn)
    {
        name = nameIn;
    }
    public String getName( )
    {
        return name;
    }
    public String getNum( )
    {
        return num;
    }
    public double getSalary( )
    {
        return salary;
    }
    public void setSalary( double salaryIn)
    {
        salary = salaryIn;
    }
    public double calculateMonthlyPay( )
    {
        return salary/12;
    }
}
```

4.9 本章练习

（1）用 UML 设计并编写一个圆柱体类，并编写相应的启动类对其进行测试。

（2）用 UML 设计并编写一个 PostGraduateStudent 类。

（3）根据例程 Employee 类，设计并编写一个 PartTimeEmployee 类。

（4）总结一下将 UML 类图"翻译"为 JAVA 代码的规则。

（5）下面程序的运行结果是什么？

```
class Example
{
    class Dog
    {
        private String name;
        private int age;
        public int step;
        Dog(String s, int a)
        {
            name = s;
            age = a;
            step = 0;
        }
        public void run(Dog fast)
        {
            fast. step + + ;
        }
    }
    public static void main(String[ ] args)
    {
        Example ex = new Example( );
```

```
Dog d = new Dog("liz",3);
d. step = 30;
d. run(d);
System. out. println(d. step);
    }
}
```

（6）在调用构造方法时，下列说法正确的是（　　）。

A. 被系统调用；B. 与其他方法的调用相同；C. 由用户直接调用；D. 通过 new 关键字自动调用

（7）设 String s = "platform"；下面哪个语句是非法的（　　）。

A. S + = "face"；B. s = s + 100；C. int len = s. length；D. String t = s + "baby"；

5 类的继承

5.1 基本概念

"继承"是面向对象软件技术当中的一大特性。如果一个类 A 继承自另一个类 B，就把这个 A 称为"B 的子类"，而把 B 称为"A 的父类"。继承可以使得子类具有父类的各种属性和方法，而不需要再次编写相同的代码。在令子类继承父类的同时，可以重新定义某些属性，并重写某些方法，即覆盖父类的原有属性和方法，使其获得与父类不同的功能。另外，为子类追加新的属性和方法也是常见的做法。

如果类 A 继承自另一个类 B，类 B 继承自类 C，那么 C 就是 A 的间接父类，而 B 是 A 的直接父类。在 JAVA 中，类的继承只允许单继承，也就是一个子类只能有一个直接父类。

在判断两个类之间是否满足继承关系时，我们经常用到"is a kind of"原则，也就是如果子类是父类的一种，那么就可以利用继承关系来声明子类。

继承的一个重要优势就是可以重用现有的代码，在开发过程中节省时间和工作量。比如，现在我们需要编写一个计时工的类，叫作 PartTimeEmployee，那么在设计这个类的时候我们发现，有很大一部分属性和方法与我们曾经编写过的员工类 Employee 相同，比如，工号、姓名以及 setName 方法、getName 方法，等等。那么我们就可以利用类的继承机制来重用这些代码。对于那些与计时工类不完全一样的属性和方法，就需要在子类中重新定义了，比如，计时工的时薪 hourlyPay，以及计算计时工的周薪 calculateWeeklyPay，等等。

5.2 继承的设计

继承就是在父类和子类之间分享属性和方法，我们拿出一个类作为父类，在父类的基础上创建一个新类。这个新创建的类继承了父类的一切属性和方法，无论这些属性和方法在新类中是否能够完全被用到。比如，我们已经有了一个员工类 Employee，设计如图 5 – 1 所示。

Employee
name:String Num:String salary:double
Employee(String, String) setName(String) getName():String getNum():String setSalary(double) getSalary():double calculateMonthlyPay():double

图 5 – 1   员工类的 UML 图

那么我们还需要定义计时工 PartTimeEmployee，此时可以不考虑继承，直接用 UML 设计这个类，如图 5 – 2 所示。

PartTimeEmployee
name:String Num:String hourlyPay:double
PartTimeEmployee(String, String) setName(String) getName():String getNum():String setHourlyPay(double) getHourlyPay():double calculateWeeklyPay():double

图 5 – 2   计时工类的 UML 图

从这个 UML 图的设计中可以很容易看出，如果用继承的方式设计 PartTime-Employee 就可以重用很多已有代码，恰恰计时工又是一种员工，满足用"is a kind of"连接的规则。下面我们利用继承重新设计一下这个类（见图 5 – 3）。

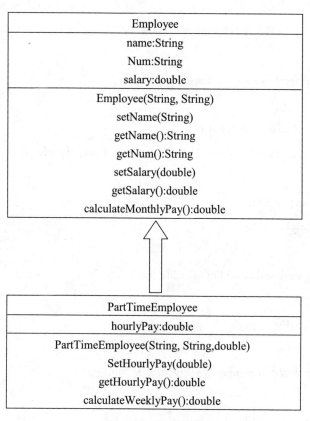

图 5 – 3　类的继承

从图 5 – 3 可以明显地看出，利用继承设计的子类 PartTimeEmployee 比原来简化了许多，这就是继承最大的优势所在。

5.3　继承的声明

在继承的声明过程中，我们需要引入两个新的关键字：extends 和 super。关键字 extends 用来表明两个类的继承关系，因为子类是使用了继承的方式扩展出来的新类，extend 在英文中有"扩展"的语意。这里需要注意的是，由于一次只能产生一个子类，因此根据英语语法，关键字 extends 采用了第三人称单数的形式。关键字 super 被使用于子类的构造函数中，用以调用父类的构造函数。另外，关键字 super 在使用时需要注意的是，如果 super 语句不是构造函数中的唯一语句，那么该语句一定要放在构造函数的最前面，否则会出现编译错误。下面我们用继承的方式编写 PartTimeEmployee，随后再对程序进行分析。

```
class PartTimeEmployee extends Employee
{
    private double hourlyPay;
    public PartTimeEmployee(String na, String nu, double h)
    {
        super(na, nu);
        hourlyPay = h;
    }
    public void setHourlyPay(double pay)
    {
        hourlyPay = pay;
    }
    public double calculateWeeklyPay(int hour)
    {
        return hourlyPay * hour;
    }
```

第一行程序利用关键字 extends 标明了两个类的继承关系，这样员工类 Employee 中的一切属性和方法就都被继承到了子类 PartTimeEmployee 中。

第二行程序是定义子类中的属性，在这里只需要定义子类中特有的属性，所有与父类相同的属性均已被继承过来了，在此无须重复定义。

第三行开始我们要进行子类方法的定义，首先是构造方法。在定义构造方法的时候遇到了一个难题，那就是如何将构造方法内的前两个参数 nu 和 na 传给属性 name 和 num。因为按照封装的原则，所有属性都被封装在类的内

70

部，在声明属性的时候都已用 private 修饰，因此在子类中无法直接用赋值语句为父类的属性赋值。在这里我们引入一个新的关键字 super，用以调用父类的构造函数。之所以需要一个新的关键字来调用父类的构造函数，是因为构造函数有着被隐式调用的特点，我们无法像普通函数一样直接调用构造函数。

```
public PartTimeEmployee(String na, String nu)
{

    super(na, nu);

}
```

如上面这段代码，在初始化 PartTimeEmployee 类型的对象时，如果只需要为姓名和工号两个属性赋初值，则利用 super 关键字调用父类的构造函数 Employee（Strig nameIn, String numIn），将实际参数 na 和 nu 传给形式参数 nameIn 和 numIn，最终为属性 name 和 num 赋值。

有时，子类的对象有新的属性也需要赋初值，这时就要在构造函数中多加入一个参数和一个赋值语句，比如：

```
public PartTimeEmployee(String na, String nu, double h)
{

    super(na, nu);
    hourlyPay = h;

}
```

hourlyPay 是子类 PartTimeEmployee 独有的新属性，因此不能通过父类的构造函数赋值，只能在子类的构造函数中直接赋值。需要注意的是，super 关键字必须用在构造函数中的第一句中，否则将出现编译错误。

构造函数后边的程序就是对子类中的新方法进行声明。子类声明结束以后，我们为子类写一段测试程序，用以测试子类是否成功地继承了父类的属性和方法。

```
public class PartTimeEmployeeTester
{

    public static void main(String[] args)
    {

        System. out. println("请输入员工姓名");
```

```java
        String name = EasyIn. getString( ) ;

        System. out. println("请输入员工工号") ;

        String num = EasyIn. getString( ) ;

        System. out. println("请输入计时工每小时薪水") ;

        double pay = EasyIn. getDouble( ) ;

        System. out. println("请输入计时工每周工作的小时数") ;

        int hour = EasyIn. getInt( ) ;

        //声明一个计时工类型的对象

        PartTimeEmployee p = new PartTimeEmployee( name, num, hour) ;

        //设置员工时薪

        p. setHourlyPay( pay) ;

        //调用相关方法,计算、输出

        System. out. print( p. getName( ) ) ;

        System. out. println("(" + p. getNum( ) + ")") ;

        System. out. println("周薪是" + p. calculateWeeklyPay( hour) ) ;

    }

}
```

PartTimeEmployeeTester 的运行结果如图 5 - 4 所示。

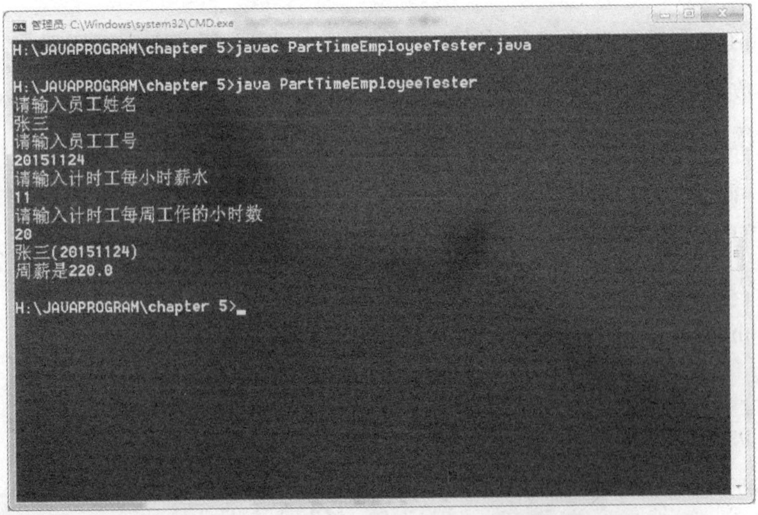

图 5 - 4 **PartTimeEmployeeTester** 的运行结果

5.4 方法的覆盖

首先让我们回顾一下第 4 章的例程 oblong，这是一个长方形类，拥有长度和宽度两个属性，具体设计请见图 5-5。

Oblong
length:int
width:int
Oblong(int, int)
setLength(int)
setWidth(int)
getLength():int
getWidth():int
calculateArea():int
calculatePerimeter():int

图 5-5 Oblong 类 UML 图

下面设计一个立方体类。从某种意义上讲，我们可以认为立方体是一种特殊的长方形（高度为 0），因此满足类的继承关系。利用继承的思想我们设计一个立方体类 Cube。长方体需要长度、宽度、高度三个属性，其中长度和宽度两个属性可以通过继承的方式获得，因此，在设计的时候只需要重新定义高度这个属性。成员方法也通过继承的方式获得，只需要加入父类中没有的新方法即可。具体设计如图 5-6 所示。

Cube
height:int
Cube(int, int, int)
setHeight(int)
getHeight():int
calculateArea():int
calculateVolume():int

图 5-6 Cube 类 UML 图

与之前的例程不同的是，在父类 Oblong 中有 calculateArea（）方法，子类的设计中我们又加入了 calculateArea（）方法，这样做的原因是这两个方法

73

虽然名字相同，但实际作用却有差别。父类中的 calculateArea（）方法是用来计算长方形面积，而子类中的 calculateArea（）方法是用来计算立方体的表面积，我们将这种现象叫作方法的覆盖。

```
class Cube extends Oblong
{
    private int height;
    public Cube(int length, int width, int height)
    {
        super(length, width);
        this.height = height;
    }
    public void setHeight(int heightIn)
    {
        height = heightIn;
    }
    public int getHeight()
    {
        return height;
    }
    public int calculateArea()
    {
        return 2 * (getLength() * height +
getLength() * getWidth() + height * getWidth());
    }
    public int calculateVolume()
    {
        return super.calculateArea() * height;
    }
}
```

在上面这个例程中，我们用继承的方式创建了立方体类 cube，它继承了父类 oblong 中的属性长度和宽度，并添加了一个新的属性高度。在构造函数中，利用 super 关键字对属性长度和宽度进行了初始化，利用赋值语句对属性高度进行了初始化。特别之处在于，构造函数中的参数 height 与属性 height 重名，在这种情况下，为了区分属性和参数我们引入关键字 this，this 用来指代将要出现的不知名对象，这样 this. height 就代表对象的属性，等号后边的height 就代表构造函数的参数。

在计算立方体的表面积时需要用长度乘以高度，在这里高度 height 是子类中的属性，因此可以直接访问，而长度是父类中已经被封装的属性，如需要在类外访问，则需要利用成员方法 getLength（）返回其长度的值。

在计算立方体的体积时，我们用到了公式：

$$体积 = 底面积 * 高$$

这时需要注意，计算底面积的方法是父类方法，并与子类中的计算表面积方法重名，这是上述我们介绍过的方法覆盖。如果需要访问父类中的重名方法，则需要引入关键字 super，super. calculateArea（）用来访问父类中的该方法。

5.5 抽象类和抽象方法

抽象类是一种不能实例化对象的类，或者可以说是不需要实例化对象的类。之所以需要定义抽象类，是因为只有抽象类中才能够拥有抽象方法，抽象方法是一种存在于父类当中，并强制其子类必须覆盖的方法。下边我们就用一组实际例子来说明这两个概念。

让我们再回顾一下 Employee 类，其实从某种意义上说，第 4 章我们编写的 Employee 类应该是代表"全职员工"，因为其中包含了一个叫作"年薪"的属性。如果我们将"全职工"和"计时工"的共性全都提炼出来，形成一个新的 Employee 类，并用 PartTimeEmployee 类和 FullTimeEmployee 类来继承它，那么设计图应该如图 5 – 7 所示。

如果将所有的员工分为全职员工和计时工的话，那么员工类就没有实例化对象的必要了，因为所有的员工要么是 FullTimeEmployee 类型的，要么是PartTimeEmployee 类型的，根本就不必再有 Employee 类型。所以作为没有实例

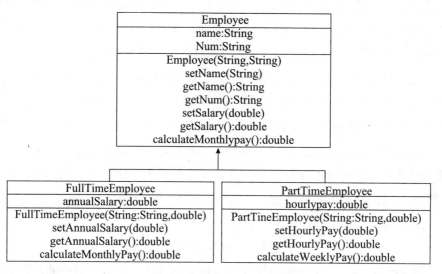

图 5 – 7　继承 Employee 类

化对象的类，Employee 类可以被定义为抽象类。声明抽象类的语法结构是：

abstract class

{

}

如果有其他的修饰符，比如 public，可以将其放在 abstract 的前边，也可以放在 abstract 的后边，对于功能没有影响。

在图 5 – 7 的继承结构中我们可以看出，在 Employee 类中仅仅保留了最基础的属性和方法，也就是任何一种员工都有的属性和方法。构造函数 Employee（String，String）只接受两个参数，用以初始化员工的姓名和工号，因为任何一个员工都有姓名和工号；setName（String）用来修改员工姓名；getName（）和 getNum（）用来从类外访问姓名和工号两个属性；没有提供 setNum（String）这个方法，表示在该类型中，不允许修改员工的工号属性；最后，是 getStatus（）方法，这个方法不接受参数，返回一个字符串，用来显示调用该方法的对象的员工类型，也就是说，如果是 FullTimeEmployee 类型的对象调用了 getStatus（）方法，就会返回字符串"全职员工"；如果是 PartTimeEmployee 类型的对象调用了 getStatus（）方法，就返回字符串"计时员工"。

下面我们来仔细思考一下这个 getStatus（）方法。首先，按照图 5 – 7 的设计 getStatus（）方法存在于父类 Employee 中，但是，根据对方法功能的描述我们可以看出，真正需要调用该方法的应该是子类对象。因此，到现在为止可以得出关于 getStatus（）方法的第一点共识，那就是该方法出现在父类里，但实际上是供子类继承使用的。其次，我们再考虑一下，这个方法的方法体应该怎么编写。根据前文中该方法的功能描述，可以看出只有当子类的对象产生以后，在调用该方法的时候，才能确定该方法究竟返回哪个字符串。也就是说，在编写父类的时候，该方法的方法体中，无论写什么内容都是不准确的，因为在编写该方法的时候，还不知道它将被哪个子类对象调用。同时，也要求该方法需要被子类覆盖，也就是在子类中重写该方法以返回正确的字符串——"全职员工"或者"计时员工"。因此，该方法的方法体可以什么都不写，待子类覆盖该方法后，再写入相应的功能代码。这是通过分析之后，我们对 getStatus（）方法的第二点共识。最后，就是要考虑一下，在模块化编程、并行项目开发盛行的今天，如果 Employee 类是由 A 程序员编写的，FullTimeEmployee 和 PartTimeEmployee 类是由 B 程序员编写的，那么如何确保 B 能够如 A 所愿的重写 getStatus（）方法呢？在这里我们就要引入抽象方法的概念了，抽象方法被定义在父类中，并强制继承该父类的子类必须覆盖此方法，否则就会发生编译错误，该方法的编写方法如下：

public abstract void getStatus( );

与抽象类的定义相似，public 与 abstract 的位置可以相互颠倒。该方法没有返回值，因此在返回值类型的位置写了 void。该方法的特殊之处有两点：第一，该方法没有方法体；第二，因为没有方法体，所以声明结束，该方法的编写也就随之结束了，因此在该方法声明的最后要写分号结尾。

```
abstract class Employee
{
    private String name;
    private String num;
    public Employee(String nameIn, String numIn)
    {
        name = nameIn;
        num = numIn;
```

```
    }
    public void setName(String nameIn)
    {
        name = nameIn;
    }
    public String getName()
    {
        return name;
    }
    public String getNum()
    {
        return num;
    }
    public abstract void getStatus();
}
```

5.6 接口

接口是一系列方法的声明，是一些方法特征的集合，一个接口只有方法的特征没有方法的实现，因此这些方法可以在不同的地方被不同的类实现，而这些实现可以具有不同的行为（功能）。

接口实现和类继承的规则不同，为了数据的安全，继承时一个类只有一个直接父类，也就是单继承，但是一个类可以实现多个接口，接口弥补了类的不能多继承缺点，继承和接口的双重设计既保持了类的数据安全也变相实现了多继承。

定义接口的格式：

［public］interface 接口名称［extends 父接口名列表］

｛

//静态常量

［public］［static］［final］数据类型变量名 = 常量值；

//抽象方法

［public］［abstract］［native］返回值类型方法名（参数列表）；

}

实现接口格式：

［修饰符］class 类名［extends 父类名］［implements 接口 A,接口 B,……］

}

类成员变量和成员方法；

为接口 A 中的所有方法编写方法体,实现接口 A；

为接口 B 中的所有方法编写方法体,实现接口 B；

}

比如，我们需要定义一个形状的接口，以规范将来编写的所有形状种类都按照这个接口规范进行定义。假设在接口中我们规定，任何一个类型的形状都要有三个方法，分别用来返回：形状的名称、该图形的面积以及该图形的体积。

interface Shape

{

　　public abstract String getName( )；

　　public abstract double calculateArea( )；

　　public abstract double calculateVolume( )；

}

第一行是声明一个名字叫作 Shape 的接口，interface 是接口的关键字。JAVA 程序都是写在 class 或者 interface 内部的，因此，如果有代码写在了程序范围之外，就会报出需要类或者接口的编译错误。这个接口声明了三个抽象方法，这就像是订立了一个合约，将来应用该接口的类必须要覆盖这三个方法。下面我们利用这个 Shape 接口来编写一个 Circle 类。

class Circle implements Shape

{

　　private double r；

　　final double PI = 3. 14；

　　public Circle(double r)

{

```
        this. r = r;
    }
    public String getName( )
    {
        return " Circle" ;
    }
    public double calculateArea( )
    {
        return PI * r * r;
    }
    public double calculateVolume( )
    {
        return 0. 0 ;
    }
}
```

以上是一个利用 Shape 接口声明 Circle 类的例程，在这里需要说明的是，最后一个方法 calculateVolume （），这是用来计算体积的方法。众所周知，圆形作为一个平面图形是没有体积的，有很多初学者可能就会产生这样的疑虑，这个方法真的需要吗？我们可以试着删去这个方法，再进行编译，就会发现出现了编译错误。原因是，只要应用了接口，就代表着做出了承诺，将要覆盖其中的所有抽象方法，无论这个方法对我们是否有实际价值。

5.7　本章例程

（1）
```
class A
{
    int i, j;
    void showij( )
    {
```

```
        System. out. println("i and j: " + i + "" + j);
    }
}

class B extends A
{
    int k;
    void showk()
    {
     System. out. println("k: " + k);
    }
    void sum()
    {
     System. out. println("i+j+k: " + (i+j+k));
    }
}

class InheritanceDemo1
{
    public static void main(String args[ ])
    {
     A superOb = new A();
     B subOb = new B();
     System. out. println("Contents of superOb: ");
     superOb. showij();
     System. out. println();
     subOb. i = 7;
     subOb. j = 8;
     subOb. k = 9;
     System. out. println("Contents of subOb: ");
     subOb. showij();
     subOb. showk();
```

```
System. out. println( );
System. out. println("Sum of i, j and k in subOb:");
subOb. sum( );
    }
}
```

该程序的输出如图 5 - 8 所示。

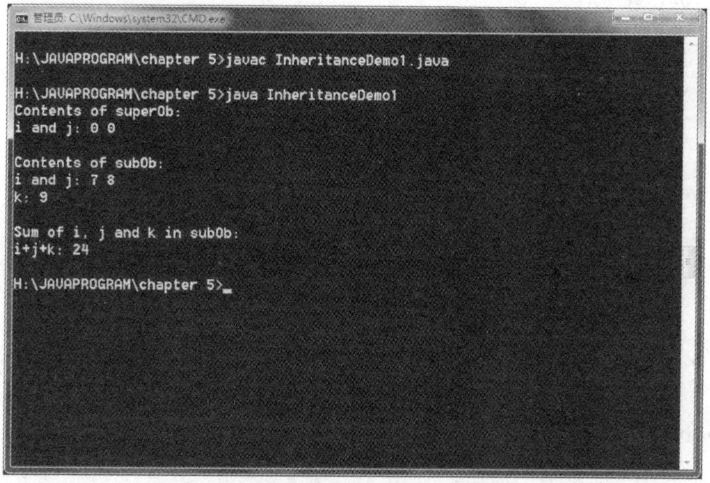

图 5 - 8   InheritanceDemo1 的运行结果

(2)

```
class Person
{
    private String name;
    private int age;
    public void setName(String _name)
    {
        name = _name;
    }
    public void setAge(int _age)
    {
        age = _age;
```

```java
        }
        public String getName( )
        {
                return name;
        }
        public int getAge( )
        {
                return age;
        }
        public String toString( )
        {
                return "Person. toString";
        }
}
class Student extends Person
{
        private String school;
        public void setSchool(String _school)
        {
                        school = _school;
        }
        public String getSchool( )
        {
                return school;
        }
        public String toString( )
        {
                return "Student. toString";
        }
}
```

```
public class InheritanceDemo2
{
    public static void main( String[ ] args)
    {
        Student s1 = new Student( );
        Student s2 = new Student( );
        Person p1 = new Person( );
        Person p2 = new Person( );
        s1. setName( "王小莹" );
        s1. setAge( 20 );
        s1. setSchool( "哈尔滨商业大学" );
        System. out. println( s1. getName( ) );
        System. out. println( s1. getAge( ) );
        System. out. println( s1. getSchool( ) );
    }
}
```

该程序的输出如图5-9所示。

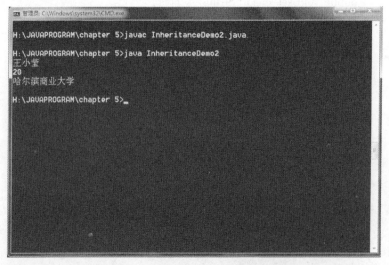

图5-9 InheritanceDemo2 的运行结果

5.8 本章练习

（1）设计一个汽车类，该类中包含车辆牌照号、车辆品牌、生产年份、车辆现值四个属性，其中前三个属性仅在对象创建时进行初始化。车辆现值同样在创建对象时进行初始化，但是由于该属性会随着时间的流逝发生改变，因此也允许在对象创建之后进行随时修改。所有属性都需要有类外访问的权限。

①用 UML 设计这个汽车类，并编写程序。

②设计一个简易菜单，完成以下功能：a. 向列表中添加汽车；b. 从列表中删除汽车；c. 显示指定的汽车的详细情况；d. 退出。

③利用继承机制设计一个出租车类，并编写程序。

（2）设计一个动物类，并利用继承的方式设计一个熊猫类，编写程序。

（3）按要求编写程序。

①编写 Animal 接口，接口中声明 run（）方法。

②定义 Bird 类和 Fish 类实现 run（）方法。

③编写 Bird 类和 Fish 类的测试程序，并调用它们的 run（）方法。

（4）判断下面的说法是否正确：拥有 abstract 方法的类是抽象类，但抽象类中可以没有 abstract 方法。

（5）以下关于继承的叙述正确的是（　　　）。

A. 在 JAVA 中类只允许单一继承

B. 在 JAVA 中一个类只能实现一个接口

C. 在 JAVA 中一个类不能同时继承一个类和实现一个接口

D. 在 JAVA 中接口只允许单一继承

6 数组与集合类

6.1 数组

6.1.1 数组简介

在之前的章节中我们介绍了如何声明简单数据类型的变量以及复合数据类型的对象。通常可以按照程序的实际需要创建相应数量的变量或对象。但是，当我们需要处理大量的数据时又该怎么办呢？本章我们首先介绍一种重要的数据结构——数组。

数组是一个特殊的对象，用于存放一组相同类型的数据。它是静态实体，一旦被创建，其大小保持不变。数组由具有相同名字和数据类型的一组连续的内存单元构成，为了访问其中的某个特定数据，我们用位置序数指定该数据在数组中的位置，这个位置序数通常被称作索引号或下脚标。

如图 6-1 所示的数组，其数组名叫作 tem，用来存储一周七天的气温，分别用 7 个整型数据表示。当我们需要访问其中任意一个特定数据的时候，就用数组名后边方括号中的索引号对其进行定位，在这里需要强调的是，数组的索引号是从零开始的，因此，包含 7 个数据的数组，其索引号的范围是 0～6。也就是说，在该数组中第一个元素是 tem [0]，第二个元素是 tem [1]，以此类推，第七个元素是 tem [6]。在 JAVA 中每一个数组都知道自己的长度是多少，并将长度存储在它的一个名为 length 的属性当中，因此，上述数组中最后一个元素可以用 tem [length-1] 来表示。属性 length 没有被封装，因此可以通过 tem. length 返回这个数组的长度，这个长度表示的是该数组中最多能容纳的数据个数，而不是现在实际存储的个数，另外，数组中的 length 是属性，第 4 章中讲的字符串长度 str. length（）是方法，一定要区分开。

tem[0]	5
tem[1]	8
tem[2]	6
tem[3]	9
tem[4]	12
tem[5]	10
tem[6]	7

图 6 – 1   数组示例

6.1.2   创建数组

在 6.1.1 中我们已经说过，数组实际上是可以存放一组相同类型数据的对象。也就是说，数组可以用来存储一组成绩或是一组学生。但是一个数组不能同时用来存储学生和成绩，因为这两种数据没有相同的数据类型。

数组由一组连续的内存单元构成，我们在这里没有必要赘述这些内存单元是如何分配的，大家通常更关心的是如何在程序中创建我们需要的数组。在程序中创建数组我们需要做如下两件事情：

（1）声明数组。

（2）为数组分配内存。

在声明数组时我们需要为数组确定数据类型，这些数据类型既包括如整型、浮点型、双精度型这样的简单数据类型，也包括如 String、Person 这样的符合数据类型。我们可以将数组声明简单地记作：

ArrayType[ ] arrayName；

在这里数组的声明，跟声明普通变量几乎完全一样，无非就是确定数组的数据类型和数组的名字，唯一的不同在于数组的声明要多一个方括号"[ ]"。在这里需要强调的是方括号的位置既可以在数据类型 ArrayType 的后边，也可以在数组名 arrayName 的后边。

如果在 JAVA 程序中，我们要声明一个数组来存放学生的成绩，这些成绩都是双精度数据类型的，那么可以写作：

double[ ] marks；

这时我们就有了一个名字叫作 marks 的数组，它可以用来存储一组双精度类型的数据。

在数组声明成功以后，要为其分配内存空间。在 JAVA 中，包括数组在内的所有对象都必须由 new 关键字动态地分配内存。对于数组而言，指定数组中所包含元素的数目就需要用到 new 关键字。一般我们可以简单地记作：

arrayName = new ArrayType[size]；

方括号中的变量 size 是一个整型数据，它代表了该数组的最大长度。给数组分配了内存之后，各个数据元素会得到一个相应的初值，整型数组元素的默认值是 0，布尔型数组元素的默认值为 false，对象作为数组元素的默认值是 null。

之前我们声明过的成绩数组，如果其最大长度为 30，那么在 JAVA 程序中应该写作：

marks = new double[30]；

在这里需要强调一点，数组的声明和内存分配也可以同时完成，记作：

ArrayType[ ] arrayName = new ArrayType[size]；

在实际的 JAVA 程序中，以上述成绩数组为例应写作：

double[ ] marks = new double[30]；

在创建数组时还可能出现这样一种特殊情况，就是我们在声明数组的时候就已经知道了该数组中所有元素的具体数值，在这种情况下，我们就不再需要显式地定义数组长度。例如，我们要创建一个整型数组 a，该数组中包含 5 个元素，分别是 2，7，8，9，6。那么在 JAVA 程序中可以写作：

int[ ] a = {2,7,8,9,6}；

在数组 a 中，每一个元素的值都被写在这样一对括号里，各个数值之间用逗号隔开。编译器会根据括号中元素的数量自动确定该数组的长度。括号中的数据会按顺序被赋值给数组中的各个元素，所以 a [0] 是 2，a [1] 是 7，依次类推。

6.1.3　数组的应用

1. 用循环初始化数组元素

```
class MarksReading
{
    //创建数组
    double[ ] marks = new double[5];
    //输入成绩
    for( int i = 0; i < marks. length; i + + )
    {
        System. out. println("请输入第" + (i + 1) + "个学生的成绩: ");
        marks[i] = EasyIn. getDouble( );
    }
    //按顺序显示刚刚输入的成绩
    System. out. println(" * * *显示成绩 * * *");
    for( int i = 0; i < marks. length; i + + )
    {
        System. out. println("第" + (i + 1) + "个学生的成绩是" + marks[i]);
    }
}
```

在上述程序中, 我们首先创建了一个长度为 5 的双精度型数组用于存放学生的成绩。用一个 for 循环对数组内各个元素循环赋值, 由于数组的索引号从 0 开始, 所以循环变量 i 的初始值为 0, i 的最大值是数组的长度减 1。最终该程序的运行结果如下:

请输入第 1 个学生的成绩: 78
请输入第 2 个学生的成绩: 80
请输入第 3 个学生的成绩: 69
请输入第 4 个学生的成绩: 90
请输入第 5 个学生的成绩: 72
 * * *显示成绩 * * *

第 1 个学生的成绩是 78

第 2 个学生的成绩是 80

第 3 个学生的成绩是 69

第 4 个学生的成绩是 90

第 5 个学生的成绩是 72

2. 把数组传递给方法

数组是一种特殊的对象，我们可以在调用方法时将数组像其他对象一样传递给方法。把数组传递给一个方法，应使用不加方括号的数组名作为参数。例如，在程序 MarksReading 中，要想把数组 marks 传递给方法 displayMark，那么应该写作：

displayMark（marks）;

我们用数组做参数的方法重新编写程序以完成内容"1"中的功能。

```java
class MarksReading2
{
    public static void main(String[ ] args)
    {
        //创建数组
        double[ ] marks = new double[5];
        //调用方法进行成绩的录入和显示
        enterMarks(marks);
        reanMarks(marks);
    }

    //声明录入成绩的方法
    static void enterMarks(double[ ] marksIn)
    {
        for(int i = 0;i < marksIn. length;i + +)
        {
            System. out. println("请输入第" + (i + 1) + "个学生的成绩:");
            marksIn[i] = EasyIn. getDouble();
        }
    }
```

```
//声明显示成绩的方法
static void displayMarks( double[ ] marksIn)
{
    System. out. println(" * * *显示成绩 * * *");
    for( int i = 0;i < marksIn. length;i + +)
    {
        System. out. println("第" + (i +1) +"个学生的成绩是" + marksIn[i]);
    }
}
```

在这里，marksIn 是形式参数，在主函数中调用了 enterMarks 和 display-marks 方法之后，会用实际参数传入方法取代形式参数，这一点与过去学过的简单数据类型参数没有区别。这个程序运行结果与内容"1"中程序的运行结果完全相同。

6.1.4 数组中的经典算法

1. 线性查找

所谓线性查找就是从数组中的第一位开始找起，依次考察数组中的数据与被查找数据是否相等，如果找到了就停止，并利用 return 语句返回该数据所在位置。如果直到数组结尾，依旧没有找到，则代表该数据不在数组当中。

```
class LinearSearch
{
    public static void main( String[ ] args)
    {
        int[ ] a = {1,2,3,4,5,6,7,8,9};
        int key = EasyIn. getInt( );
        int location = search( a,key);
        if( location = = −1)
        System. out. println("没找到");
```

```
    else
    System. out. println("是第" + (location + 1) + "个数");
}
static int search(int[ ] a,int k)
{
    for(int i = 0;i < a. length;i + + )
    {
        if(a[ i] = = k)
        return i;
    }
    return  - 1;
}
}
```

2. 折半查找

针对线性查找工作量大、比对次数太多的问题，折半查找应运而生。折半查找是在有序数组中进行查找的方法，其思路是：首先确定查找范围，也就是确定最小和最大两个角标，分别用 low 和 high 表示；然后循环地让被查找数据与在中间的数据进行比较，如果相等就是找到了，此时应该返回该数据的所在位置，也就是角标。如果不相等，则要判断两个问题，一是该数组是升序还是降序，二是处于数组中间的数据与被测数据的大小关系。如下边例程中的数组 {1，2，3，4，5，6，7，8，9} 是一个升序数组，如果中间数据大于被查找数据，则需要到数组的前一半进行查找，如果中间数据小于被查找数据，则需要到数组的后一半查找，在循环中重复这一操作。

例程如下：

```
class BinarySearch
{
    public static void main(String[ ] args)
    {
        int[ ] a = {1,2,3,4,5,6,7,8,9};
```

```
        int key = EasyIn. getInt( ) ;
        int location = search( a,key) ;
        if( location = = -1)
        System. out. println( "没找到") ;
        else
        System. out. println( "是第" + (location + 1) + "个数") ;
    }
    static int search( int[ ] a,int k)
    {
        int low = 0 ;
        int high = a. length -1 ;
        while( low < = high)
        {
            int mid = ( low + high)/2 ;
            if( a[ mid] = = k)
                return mid ;
            else if( a[ mid] > k)
                high = mid -1 ;
            else
                low = mid + 1 ;
        }
        return -1 ;
    }
}
```

6.2 集合类

在 6.1 节我们介绍了数组的相关知识，到现在为止我们还只是将数组作
为普通变量来使用，其实，数组还可以作为类的属性使用。通过这种方式我
们可以修正数组使用时的一些不便之处，比如，数组的索引从 0 开始。利用

数组作为属性，可以存储多个相同类型对象的类，叫作集合类。

6.2.1 集合类分类

由于集合类都包含自己特有的方法，因此集合类都拥有独特的内部结构，这些结构决定了访问和修改内部成员的规则。常用的集合类包括以下几种：

（1）栈（见图6-2），是一个有序的集合，内部成员严格遵守后进先出规则（LIFO），也就是最后一个进栈的成员，在被删除时（我们称之为出栈）是首先被删除的。形象地说，栈就好像一摞洗好的碟子，一个一个码起来的时候就像是进栈，拿出来用的时候就像是出栈，在使用的时候我们都是去拿最上边的一个，这就是后进先出原则。

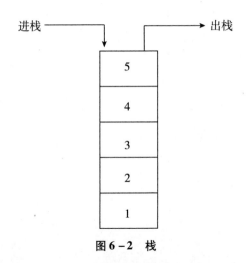

图6-2 栈

（2）队列（见图6-3），也是一个有序的集合，内部成员遵守先进先出的原则（FIFO），也就是第一个进队列的成员，在删除的时候第一个出队列。这就好像在大学食堂里排队买饭，每一个窗口前都有一个队列，通俗的说法就是排队，第一个进入队列的人在售饭窗口开启时将第一个被服务，这就是先进先出原则。

（3）列表（见图6-3），同样是一个有序集合，在向列表中存储新成员的时候将按照顺序逐一进入列表，在删除的时候可以按照位置指定删除的成员。

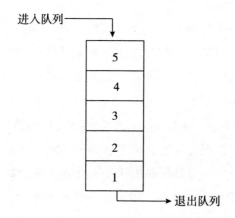

进入队列

退出队列

指定位置，退出列表，进入列表

图 6 - 3　队列、列表

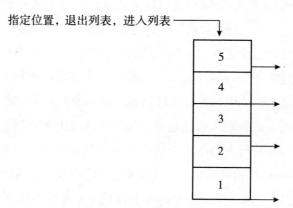

6. 2. 2　DoubleStack 例程

下面我们设计一个栈用于存储 double 型数据，并根据栈的内部结构设计一系列的方法，如图 6 - 4 所示。

DoubleStack
stack: double[]
total: int
DoubleStack(int)
push(double):boolean
pop():boolean
isEmpty():boolean
isFull():boolean
getItem(int):double
getTotal():int

图 6 - 4　DoubleStack 设计图

首先，我们看一下 DoubleStack 类的属性，包括 double 型的数组 stack，用于存储数据，其实，所谓集合类可以存储对象或者存储数据，归根结底还是依靠其内部的数组属性。属性 total 用来记录目前在这个集合类中真实存在的数据数量。数组 stack 在创建之初就会被设定长度，这个长度将可以利用 stack. length 返回，不过，stack. length 的值并不是栈中真实存在的数据数量，而是栈的最大容量，因此引入变量 total 有助于了解栈中所存数据的具体数量。

其次，我们来分析一下 DoubleStack 类的方法。从图 6 - 4 中可以看出，我们设计的第一个方法是构造方法，用来进行对象初始化。该构造方法接受一个 int 型的参数，这个参数就是栈的最大长度，也就是说在创建 DoubleStack 型对象的时候，其最大长度就确定了，并且不能再改变。方法 push 被用来进行进栈操作，该方法接受一个 double 型的参数，这个参数将作为数据被存入栈中；该方法返回一个 boolean 型的返回值，如果进栈成功则返回 true，否则，返回 false。方法 pop 被用来进行出栈操作，也就是从栈中删除一个元素。因为栈遵守后进先出的原则，也就是说，如果要从栈中删除数据，则只能删除最后一个，并不能进行人为的选择或调整，因此，该方法没有参数；该方法同样有一个 boolean 型的返回值，用来表明此次出栈操作是否成功。

下面，我们来考虑一下，进栈 push 和出栈 pop 操作为什么有可能不成功。只有当我们试图向一个已经满了的栈中存入新数据，或者试图从一个空栈中删除数据时，才会出现进栈或者出栈不成功的情况。因此，亟须创建另外一个新方法，用来测试栈究竟是不是满的或者空的。在这里我们设计 isEmpty（）方法和 isFull（）方法，这两个方法都需要返回 boolean 型变量，如果栈中没有存储任何数据，它就是空的，这个时候属性 total 等于零。如果栈中存储的数据数量与栈的最大长度相等，那么这个栈就是满的，此时调用 isFull（）方法则会返回 true。

方法 getItem（int）用于返回指定位置的数据，该方法接受一个 int 型参数，该参数表示位置信息。因为我们这个栈内存储的都是 double 型数据，因此该方法的返回值是 double 型。方法 getTotal（）用于返回 total 的值，因为属性 total 被封装在了类的内部，因此从类外想要查询 total 的值必须通过该方法。

分析了 DoubleStack 的属性和方法后，就可以编写程序了，例程如下：

```java
class DoubleStack
{
    private int total;
    private double[] stack;
    public boolean push(double a)
    {
        if(isFull())
        {
            return false;
        }
        else
        {
            stack[total] = a;
            total + + ;
            return true;
        }
    }
    public boolean pop()
    {
        if(isEmpty())
        {
            return false;
        }
        else
        {
            total - - ;
            return true;
        }
    }
    public DoubleStack(int size)
```

```java
    {
        stack = new double[size];
        total = 0;
    }
    public boolean isFull()
    {
        if(total = = stack.length)
            return true;
        else
            return false;
    }
    public boolean isEmpty()
    {
        if(total = = 0)
            return true;
        else
            return false;
    }
    public int getTotal()
    {
        return total;
    }
    public double getItem(int i)
    {
        return stack[i-1];
    }
}
```

6.2.3　应用 DoubleStack 类

下面我们写一个带有简易菜单的启动类来测试一下 DoubleStack 类的各种

功能是否满足预期。

```
class DoubleStackTester
{
    public static void main(String[] args)
    {
        char choice;
        int size;
        System.out.println("输入最大长度");
        size = EasyIn.getInt();
        DoubleStack stack = new DoubleStack(size);
        do
        {
            System.out.println("1. push");
            System.out.println("2. pop");
            System.out.println("3. empty?");
            System.out.println("4. full?");
            System.out.println("5. 显示所有");
            System.out.println("6. exit");
            choice = EasyIn.getChar();
            switch(choice)
            {
                case '1': option1(stack); break;
                case '2': option2(stack); break;
                case '3': option3(stack); break;
                case '4': option4(stack); break;
                case '5': option5(stack); break;
                case '6': break;
            }
        } while(choice! ='6');
    }
```

```java
public static void option1(DoubleStack stack)
{
    System. out. println("请输入一个 double 类型的变量");
    double d = EasyIn. getDouble();
    boolean ok = stack. push(d);
    if(ok)
        System. out. println("进栈成功");
    else
        System. out. println("进栈不成功");
}
public static void option2(DoubleStack stack)
{
    boolean ok = stack. pop();
    if(ok)
    System. out. println("出栈成功");
    else
    System. out. println("出栈不成功");
}
public static void option3(DoubleStack stack)
{
    if(stack. isEmpty())
        System. out. println("栈为空");
    else
        System. out. println("栈不为空");
}
public static void option4(DoubleStack stack)
{
    if(stack. isFull())
    {
        if(stack. isFull())
```

```
        System. out. println("栈是满的");
    else
        System. out. println("栈不是满的");
    }
}

public static void option5(DoubleStack stack)
{
    if( stack. isEmpty( ) )
        System. out. println("栈为空");
    else
    for( int i = 1 ; i < = stack. getTotal( ) ; i + + )
    {
        System. out. println( stack. getItem( i ) );
    }
}
}
```

在这个主函数中,主要完成两方面工作,一是构建一个长度固定的 DoubleStack 类型的对象:

DoubleStack stack = new DoubleStack (size);

二是循环出现一个简易菜单,并根据选项调用相应的方法:

```
    do
    {
    System. out. println( "1. push" );
    System. out. println( "2. pop" );
    System. out. println( "3. empty?" );
    System. out. println( "4. full?" );
    System. out. println( "5. 显示所有" );
    System. out. println( "6. exit" );
    choice = EasyIn. getChar( );
    switch( choice )
    {
```

```
        case '1':option1(stack);break;
        case '2':option2(stack);break;
        case '3':option3(stack);break;
        case '4':option4(stack);break;
        case '5':option5(stack);break;
        case '6':break;
    }
} while(choice! ='6');
```

在这段程序中，首先要注意的是控制结构的选择问题，因为这个菜单选项需要一次次地循环出现，因此选用了循环结构。另外，由于无论选择结果是什么，我们都需要先看到选项的内容以便于选择，因此这个循环选用了do…while结构。

在主函数以外，分别定义了菜单选项中调用的 option1—option5：option1是进栈操作，从键盘读入一个 double 类型的变量之后，调用 DoubleStack 中的 push 方法进栈，该方法返回 boolean 型变量：

```
boolean ok = stack. push(d);
```

通过考察该返回值，可以确定进栈是否成功：

```
    if(ok)
System. out. println("进栈成功");
    else
System. out. println("进栈不成功");
```

方法 option5 的功能是展示栈中的所有数据，在方法构建时首先考虑判断该栈是否为空，如果栈为空则做出相应提示，之后利用循环将栈中的所有数据都展示出来：

```
for(int i = 1;i < = stack. getTotal();i + +)
{
    System. out. println(stack. getItem(i));
}
```

在这个 for 循环中需要注意循环变量的取值，因为在循环体中我们将使用 getItem 方法，因此循环变量从 1 开始而不是从 0 开始。

6.3 本章练习

（1）思考一下队列与栈的区别，尝试设计并编写一个 StringQueue 类，并测试其所有功能。

（2）尝试将之前我们学过的程序与集合类的知识融合，设计并编写一个 StudentList 类，也就是一个用来存储学生型数据的列表，使其具备基础的"增删查改"的功能。

（3）下面的程序运行结果应该是什么？

```
class Example
{
    String str = new String("good");
    char[] ch = {'a','b','c'};
    public static void main(String[] args)
    {
        Example e = new Example();
        e.change(e,str,e,ch);
        System.out.print(e.str + "and");
        System.out.print(e.ch);
    }
    public void change(String str, char ch[])
    {
        Str = "test ok";
        ch[0] = 'g';
    }
}
```

（4）设有数组 int MyIntArray [ ] = {10, 20, 30, 40, 50, 60, 70}；则下列语句的运行结果是（   ）。

```
int s = 0;
for(int i = 0; i < MyIntArray.length; i++)
```

```
    if( i%2 = =1)
    s + = MyIntArray[ i ] ;
System. out. println( s) ;
```

(5) 下面这段程序的输出结果是（　　　）。

```
int a[ ] = {2,3,4,5,6} ;
for( int i = a. length - 1 ;i > =0 ;i - - )
    System. out. print( a[ i ] ) ;
```

7 异常处理

异常不同于错误，是指在程序运行时，由于程序使用者没有按照程序的设计规格进行操作或输入所带来的运行问题。因此，如果一定要将异常看作是一种错误的话，那么犯错误的主体是程序的使用者，而非程序员。从 C 语言编程开始，我们就已经开始利用 if...else... 来控制异常了，然而这种控制异常痛苦，同一个异常或者错误如果多个地方出现，那么你每个地方都要做相同处理，感觉非常麻烦。

其实，生活中遇到异常的例子特别多，比如在乘电梯的时候同时按下开门和关门，在使用 ATM 机的时候输错密码，程序运行时磁盘空间不足，等等。由于应用程序的用户特别广泛，很难保证其在使用应用程序时完全按照操作要求进行，因此，应用程序在运行时的异常几乎是不可避免的。这种不可避免的异常究竟有什么危害呢？下面我们通过一个引例来感受一下。

引例：

```
class ExceptionTest0
{
    public int devide( int x, int y)
    {
        int result = x/y;
        return result;
    }
}
class ExceptionTester0
{
    public static void main( String[ ] args)
    {
```

```
Test0 t = new Test0( ) ;

int r ;

//使程序出现异常的输入

r = t. devide(3 ,0) ;

//测试一下异常出现后,程序是否还能继续向下运行

System. out. println("程序仍在运行") ;

    }

}
```

这个引例包含两部分内容,一个是 ExceptionTest0 类,另一个是它的启动类。在 ExceptionTest0 中,我们定义了一个除法函数,该函数接受两个参数,分别是除数和被除数,该方法返回两数之商。在 ExceptionTester0 中,我们定义了这个类的实例,然后调用了除法 devide 方法。为了触发异常的出现,我们特意给除数赋值为零,众所周知,这是用户经常犯的一个错误,然而,我们关心的并不是 3 除以 0 之后会得到什么样的结果,我们最关心的是在输入了这个有问题的数据之后,程序是否还会继续保持运行状态。因为,只要程序一直在运行,它就处于可控的状态,如果因为一个带有错误的数据导致后续的程序全都终止乃至崩溃,在实际应用中将可能造成灾难性的影响。因此,在 ExceptionTester0 的最后我们加入了一个用于表示程序还在运行的语句:

System. out. println("程序仍在运行") ;

如果在 3 除以 0 发生后,这句话依旧正常执行,则该程序是可控的,否则,我们就必须做点什么以保证程序中没发生错误的部分继续运行下去。

从上述引例中我们可以总结出异常的概念,异常(Exception)又称为例外,是指在程序运行过程中发生的非正常事件,它会中断指令的正常执行,影响程序的正常运行。

7.1 异常处理机制

异常处理的一般步骤包括:异常抛出→异常捕获→异常处理。在处理的过程中会使用到 3 个模块,分别是 try 模块、catch 模块和 finally 模块。

7.1.1 try 模块

关键字 try 被应用于异常处理当中，在主函数中使用。当主函数需要调用一个可能导致异常的方法或者语句时，我们将其放入 try 模块当中，这样如果异常发生，整个 try 模块就会停止运行，并抛出异常。

这里我们说将可能发生异常的语句放入 try 模块，是因为我们不能确定异常是否一定发生，如果确认异常一定会发生，那么就是程序设计问题了，应该修改程序而不是处理异常。如果异常没有发生，那么 try 模块中的语句就正常执行，就如同 try 关键字根本没有被使用一样。

在本章开头部分的那个引例中，调用 devide 函数进行 3 除以 0 的操作，有可能导致异常，因此有必要将此部分放入 try 模块。

```
try
{
    r = t. devide(3,0);
}
```

7.1.2 catch 模块

在异常发生之后，JAVA 找到能够处理这种类型的异常的方法，运行时系统把当前异常对象交给这个方法进行处理，这一过程称为捕获，我们用 catch 模块进行该操作。

```
try
{
  r = t. devide(3,0);
}
catch( Exception e)
{
  System. out. println( e. getMessage( ));
}
```

在这段例程中，我们将可能会发生异常的语句放入了 try 模块，在异常发生时整个 try 模块将会停止，并进入 catch 模块。在 catch 模块中接受一个 Exception 类型的参数，Exception 是所有异常类型的父类，一个 try 模块可以与多个 catch 模块配合，在异常被抛出以后，JAVA 会选择第一个与该异常种类相匹配的 catch 模块进入。图 7-1 是 Exception 类和其部分子类，它们都可以被声明为 catch 模块的参数。

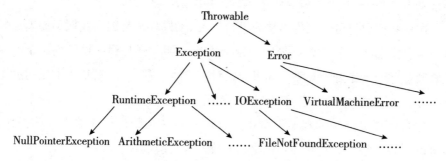

图 7-1　Throwable 类及其子类

在 JAVA 中处理异常，首先就需要建立异常种类的层次。类 Throwable 位于这一类异常层次的最顶层，只有它的子类才可以作为一个异常被抛出。图 7-1 表示了异常处理的层次关系。从图 7-1 中可以看出，类 Throwable 有两个直接子类：Error 和 Exception。Error 是指动态链接失败、虚拟机错误等，通常 JAVA 程序不应该捕获这类异常，也不会抛出这种异常。它表示 JAVA 运行时产生的系统内部错误或资源耗尽等严重错误。这种错误通常是程序无法控制和解决的，如果发生这种错误，通常的做法是通知用户并中止程序的执行。Exception 类对象是 JAVA 程序处理或抛出的对象。它有各种不同的子类分别对应于不同类型的异常，如表 7-1 所示。其中类 RuntimeException 代表运行时由 JAVA 虚拟机生成的异常种类，如由除数等于 0 等导致的算数异常 ArithmeticException，由数组超界所导致的 ArrayIndexOutOfBoundsException 异常等；其他则属于非运行时异常。JAVA 编译器要求 JAVA 程序必须捕获或声明所有的非运行时异常，但对运行时异常可以不做处理。Exception 的子类表示了不同类型的异常，如 RuntimeException 表示运行时异常，而 IOException 表示 I/O 问题引起的异常。这些子类也可以被继承以对不同类型的异常进行细分，如 RuntimeException 还可细分为 NullPointerException、ArithmeticException 等；IOException 还可细分为 FileNotFoundException、EOFException 等。

表 7-1   常见异常种类列表

异常种类	功能描述
IllegalAccessException	非法访问异常
ClassNotFoundException	指定类或接口不存在异常
IOException	输入/输出异常
InterruptedIOException	中断输入/输出操作异常
InterruptedException	中断异常（常应用于线程操作中）
FileNotFoundException	指定文件找不到
MalformedURLException	URL 格式不正确
ProtocolException	网络协议异常
SocketException	Socket 操作异常
UnknownHostException	给定的服务器地址无法解析
UnknownServiceException	网络请求服务出错
InstantiationException	企图实例化接口或抽象类
NoSuchMethodException	找不到指定的方法
ArithmeticException	算术运算除数为零
IndexOutofBoundException	下标越界错误
ArrayIndexOutofBoundsException	数组元素下标越界错误
StringIndexOutofBoundsException	字符串下标越界错误
ClassCastException	类型强制转换异常
NegativeArraySizeException	数组的长度为负异常
NullPointerException	非法使用空指针异常
EmptyStackException	栈空异常（对空栈进行操作）

引例中出现的异常属于 ArithmeticException 算数异常，可以被 ArithmeticException 捕捉，也可以被其父类 Exception 捕捉。在这里需要注意的是，如果一个 try 模块配合多个 catch 模块使用，需要将父类放在后边，否则异常将没有机会被子类捕捉。

catch 模块中写入的执行语句，我们称之为异常处理，在这里可以选择任何合理的操作。在本例当中，我们选择的 e. getMessage（）方法是反馈异常信息。在 catch 模块中是对异常对象进行处理的代码，与访问其他对象一样，可以访问一个异常对象的变量或调用它的方法。getMessage（）是类 Throwable 所提供的方法，用来得到有关异常事件的信息，类 Throwable 还提供了方法 printStackTrace（）用来跟踪异常事件发生时执行堆栈的内容。在异常处理中，try 模块和 catch 模块就像是一对冤家，永远不会同时执行。

7.1.3　finally 模块

捕获异常的最后一步是通过 finally 语句为异常处理提供一个统一的出口，使得在控制流转到程序的其他部分以前，能够对程序的状态作统一的管理。不论在 try 模块中是否发生了异常事件，finally 模块中的语句都会被执行。

finally 语句的一般格式是：

try

{

　　可能会抛出异常的代码

}

catch（某 Exception 类型 e）

{

　　处理该异常类型的代码

}

　…

catch（某 Exception 类型 e）

{

　　处理该异常类型的代码

}

finally

{

　　最后一定会被执行的代码

}

不论 try 模块中的代码是否抛出异常及异常是否被捕获，finally 子句中的代码一定会被执行：如果 try 模块中没有抛出任何异常，当 try 模块中的代码执行结束后，finally 中的代码将会被执行；如果 try 模块中抛出了一个异常且该异常被 catch 正常捕获，那么 try 模块中自抛出异常的代码之后的所有代码将会被跳过，程序接着执行与抛出异常类型匹配的 catch 子句中的代码，最后执行 finally 子句中的代码。如果 try 模块中抛出了一个不能被任何 catch 子句捕获（匹配）的异常，try 模块中剩下的代码将会被跳过，程序接着执行 finally 子句中的代码，未被捕获的异常对象继续抛出，沿调用堆栈顺序传递。

```
public int m( )
{
    try
    {
      return 1 ;
    }
    finally
    {
      return 0 ;
    }
}
```

当调用上述方法 m（）时，try 模块中包含方法的 return 语句，返回值为 1。然而，实际调用该方法后产生的返回值为 0。这是因为在方法实际返回并结束前，finally 模块中的内容无论如何都要被执行，所以 finally 模块中的 return 语句使得该方法最终实际返回值为 0。

7.2　强制进行异常处理

下面我们需要考虑这样一种情况，假如在并行开发的情况下，ExceptionTest0 由程序员小张负责设计并编写，ExceptionTester0 由程序员小王负责设计并编写，那么，在小王调用 devide（）方法的时候，他如何能知道小张编写的该方法有可能出现异常呢？

有些人可能会想到，小张在编写 ExceptionTest0 时应该留下方法的使用说明和注意事项，但是，当我们买了一部新手机之后，又有多少人能够完整地读完说明书再进行使用呢？所以，我们必须设计一种机制，使得 ExceptionTest0 类的使用者必须考虑 devide（）方法的特殊情况，一定要将其写入 try 模块。

我们用到的方法是这样的：

```
public int devide(int x, int y) throws Exception
{
        int result = x/y;
        return result;
}
```

在声明一个可能会引发异常的方法时，我们在被声明方法的后边加上 throws Exception。就好像是给该方法配了一个紧箍咒一样，任何试图调用该方法的行为都必须将其放入异常处理的 try 模块当中，否则将不能通过编译。如图 7-2 所示。

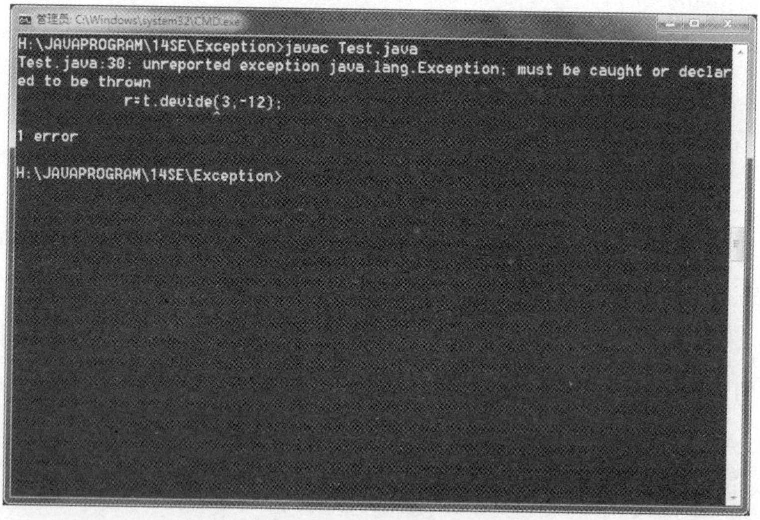

图 7-2　编译失败

7.3　自定义异常种类

之前我们所有捕捉的异常都是 JAVA 自带异常，所谓自带异常就是众所周知的异常，比如，除数不能为 0。在现实工作当中，根据现实需要，我们经常会对各种输入变量提出特殊要求，比如，除数不能小于 0。在这种情况下，

JAVA 语言中允许用户定义自己的异常类，但自定义异常类必须是 Throwable 的直接子类或间接子类。同时要理解一个方法所声明抛出的异常是作为这个方法与外界交互的一部分而存在的。方法的调用者必须了解这些异常，并确定如何正确地处理它们。

根据 JAVA 异常类的继承关系，用户最好将自己的异常类定义为 Exception 的子类，而不要将其定义为 RuntimeException 的子类。因为对于 RuntimeException 的子类而言，即使调用者不进行处理，编译程序也不会报错。将自定义异常类定义为 Exception 的子类，可以确保调用者对其进行处理。

下面我们就修改一下之前的引例，定义一个新的异常种类，控制除数不能小于 0。

```
classExceptionTest1
{
    public int devide( int x, int y) throws Exception
    {

        if( y < 0)
        {
            DByM ex = new DByM( "除数是:" + y);
            throw ex;
        }

        int result = x/y;
        return result;
    }
}
class DByM extends Exception
{
    public DByM( String s)
    {
        super( s);
    }
}
```

```
class ExceptionTester1
{
    public static void main(String[ ] args)
    {
            Test1  t = new Test1( ) ;
            int r = 0;
            try
            {
                    r = t. devide(3 , -3) ;
            }
            catch(Exception e)
            {
                System. out. println( e. getMessage( ) ) ;
            }
            System. out. println( "程序仍在运行" ) ;
    }
}
```

自定义异常种类程序 ExceptionTest1 的运行结果如图 7 - 3 所示。

图 7 - 3   自定义异常种类程序 ExceptionTest1 的运行结果

为了约束除数小于 0 的行为，我们在除法函数 devide 中利用条件语句使得除数小于 0 发生时抛出异常。

```
if( y < 0 )
{
        DByM ex = new DByM( "除数是:" + y );
    throw ex;
}
```

这里抛出的异常种类是 DByM 型异常，这是我们自建的异常种类，需要注意的是由此所创建的异常 ex 被抛出时，我们用到的关键字是 throw，而不是 throws。在异常处理中我们用到了两个特别相近的关键字 throw 和 throws，为了防止混淆我们可以利用英文语法加以区分和记忆。在进行强制异常处理的时候，是一个单独的方法抛出异常，因此使用了第三人称单数的语法形式 throws，在新增异常种类抛出异常时，是动词开头的祈使句形式，因此使用动词原形 throw。

7.4 catch 语句的顺序

捕获异常的顺序和不同 catch 语句的顺序有关，当捕获到一个异常时，剩下的 catch 语句就不再进行匹配。因此，在安排 catch 语句的顺序时，首先应该捕获最特殊的异常（比如，除数不能小于 0，即 DByM 异常），然后再逐渐一般化（除数不能为 0 的异常，即 ArithmeticException 异常，最后可以处理最通用的异常种类 Exception）。也可以理解为先 catch 子类异常，再 catch 父类异常。比如：

```
try
{
    可能造成异常的语句
}
catch( FileNotFoundException )
{
    ……
}
```

```
catch( IOException )
{
    ……
}
catch( Exception )
{
    ……
}
```

7.5 异常处理中的关键字总结

JAVA 的异常处理是通过 5 个关键字来实现的：try，catch，finally，throws，throw。如表 7 – 2 所示。

表 7 – 2   异常处理关键字

关键字	描述
try	将可能导致异常的语句放入该模块。如果异常发生则停止运行整个 try 模块，如果异常没有发生则照常运行程序就好像 try 语句根本没被使用一样
catch	用于捕捉异常，需要接受一个异常种类的对象作为参数。在异常发生时，会运行第一个与异常种类匹配的 catch 模块，如果异常没发生则 catch 模块不会运行
finally	不论异常是否发生，都会运行该模块
throws	将其写在可能发生异常的方法声明后边，以确保所有使用该方法的人都会进行必要的异常处理
throw	抛出异常，触发 try 模块进入工作状态

7.6 本章例程

1. 使用 try – catch – finally 语句自行处理异常

class ExceptionDemo1

```
{
    public static void main(String args[ ])
    {
        int a,b,c;
        a =67;   b =0;
        try
        {
            int x[ ] = new int[ -5];
            c = a/b;
            System. out. println(a + "/" + b + " = " + c);
        }
        catch(NegativeArraySizeException e)
        {   System. out. println("exception: " + e. getMessage( ));
            e. printStackTrace( );
        }
}
```

程序 ExceptionDemo1 的运行结果如图 7 -4 所示。

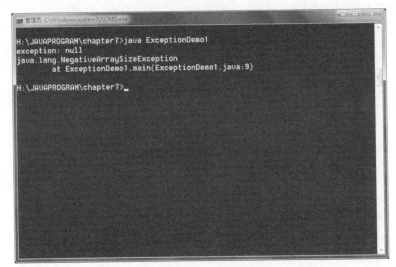

图 7 -4   程序 ExceptionDemo1 的运行结果

2. 自定义异常种类

```java
import java. io. * ;
class Circle
{
    private double r;
    public void setRadius( double r) throws Exception
    {
        if( r >0)
            this. r = r;
        else
            throw new CircleException( r) ;
    }
    public void calculateArea( )
    {
        System. out. println( "面积是" +3. 14 * r * r) ;
    }
}
class CircleException extends Exception
{
    double radius;
    CircleException( double r)
    {
        radius = r;
    }
    public String toString( )
    {
        return"半径 r = " + radius + "必须大于 0";
    }
}
    class CircleTester
```

```
{
    public static void main(String[ ] args)
    {
        Circle c = new Circle();
        try
        {
            c.setRadius( -10);
        }
        catch(Exception e)
        {
            System.out.println(e.toString());
        }
    }
}
```

程序 CircleTester 的运行结果如图 7 - 5 所示。

图 7 - 5　程序 CircleTester 的运行结果

7.7　本章练习

(1) 下面的处理器可以捕获什么异常?

} catch (Exception e) {

```
…
} catch (ArithmeticException a) {
…
}
```

（2）从键盘输入三个整数，代表三角形三个边长，通过三个边长判断三角形的类型（等腰、等边、任意三角形），如果这三个边长无法构成三角形则抛出一个自定义异常：提示"无法构成三角形，请重新输入"，并重新输入三个整数。

（3）总结一个 try 语句配合多个 catch 语句使用时的注意事项。

（4）下面程序的运行结果应该是什么？

```java
public void example()
{
    try
    {
        unsafe();
        System. out. println("Test 1");
    }
    catch(SafeException e)
    {
        System. out. println("Test 2");
    }
    finally
    {
        System. out. println("Test 3");
    }
    System. out. println("Test 4");
}
```

（5）异常包含下列哪些内容（   ）。

A. 程序中的语法错误   B. 事先预定好的可能出现的意外

C. 程序的编译错误   D. 程序执行过程中遇到的事先没有预料到的情况

8 包

为了便于管理大型软件系统中数目众多的类，解决类命名冲突的问题，JAVA 引入了包（package）。JAVA 中所有的资源都是以文件方式组织，这其中主要包含大量的类文件，这些类文件为 JAVA 的使用提供了丰富而方便使用的功能，并以目录树形结构进行文件的组织与编排。虽然各种常见操作系统平台对文件的管理都是以目录树的形式进行组织，但是它们对目录的分隔表达方式不同，为了区别于各种平台，JAVA 中采用了 "." 来分隔目录。这些文件被 JAVA 的设计者写进了系统程序包中，供程序开发人员使用，我们将其称为包的引用。除了可以引用现存的包之外，JAVA 还允许程序开发者定义自己的包，以增强程序的重复使用效率。

8.1 包的引用

回顾一下在第 1 章我们介绍过的环境变量 CLASSPATH，JAVA 程序由一系列分散的单元组成，这些单元有可能是类也有可能是接口。那么，当一个类 A 调用另一个类 B 的时候，应该去哪里找类 B 呢？环境变量 CLASSPATH 就指示了类 B 的所在位置，CLASSPATH 的值是 ".;%JAVA_HOME% \ lib"，它代表了两个位置，分号前的 "." 代表当前目录，也就是可以在类 A 的所在目录下寻找类 B，或者到 JAVA 安装目录下的 "lib" 中去寻找类 B。那么如果我们需要应用一个其他目录下的类该怎么办呢？办法有两种，第一种就是将我们需要的类拷贝到这两个位置上，当然这样做很麻烦；第二种就是利用包的引用操作，将我们需要的资源虚拟到当前目录中来。

在引用包的时候，我们利用 import 关键字来完成此操作，语句格式是：

import 包的名字 . 类的名字；

例如，我们引用 java 目录下的 awt 目录中的 Frame 类，可以写作：

import java. awt. Frame；

如果我们需要使用该目录下的多个资源，可以利用"＊"同时引用该目录中的所有类：

import java. awt. ＊；

不过，需要注意的是，这个"＊"代表的仅仅是 java. awt 目录下的所有类，不包括这个目录的下一级目录，如果需要其下一级目录中的资源，还需要再引用一次，比如：

import java. awt. event. ＊；

另外，需要注意的是，在没有包的声明语句的情况下，包的引用语句需要写在程序的开头部分。注意：这是程序的开头部分，而不是某一个类的开头部分。也就是说，一个程序中如果有多个类，无论是第一个类就需要引用包，还是最后一个类需要引用包，所有的 import 语句都务必写在第一个类之前，否则将发生编译错误。

8.2　包的声明

在 JAVA 中，除了可以引用 JAVA 中自带的包之外，还允许开发人员声明自己的包，以便提高程序的重用效率。

包的声明格式是：

package 包的名字；

包的声明语句必须写在程序的开头部分，表示该程序所包含的所有类都属于这个包。

```
package MyPackage；
class MyClass1
{
……
}
class MyClass2
{
```

......

}

在这里，我们声明了一个名为 MyPackage 的包，这个包中包含两个类，分别叫作 MyClass1 和 MyClass2。

我们还可以在不同的程序中使用相同的包声明语句，这样就可以将写在多个程序中的类包含到同一个包当中，比如：

package MyPackage；

class MyClass3

{

......

}

class MyClass4

{

......

}

到目前为止，我们声明的包 MyPackage 一共拥有 4 个类资源，分别来自两个不同的程序。

在程序中利用 package 关键字创建一个包，就相当于在当前目录下创建一个新的文件夹，比如：

package MyPackage；

上边这条语句就是在当前的目录下，创建一个叫作"MyPackage"的文件夹。我们还可以利用分隔符"."来创建更下一级的包，比如：

package MyPackage. mini；

上述语句就是在当前目录下创建一个名为"MyPackage"的包，再在 MyPackage 目录下继续创建其子目录"mini"。

8.3 常用系统包介绍

JAVA 语言为程序开发人员提供了内容丰富的类库，为方便对这些资源进行管理和组织，将其分为若干个包，即 API 包。JAVA 中自带的 API 包均以

java 开头，以区别于用户自行创建的程序包。

（1）java. lang 包：是 JAVA 语言的核心类库，包含了运行 JAVA 语言程序必不可少的系统类，如基本数据类型、基本数学函数、字符串处理、System 类、object 类、线程、异常处理类等，在程序中不需要利用 import 引入这个包，系统默认对其进行引用。

（2）java. io 包：JAVA 语言的标准输入/输出类库，如基本输入/输出流、文件输入/输出、过滤输入/输出流，等等。JAVA 语言的文件操作都是由该类库中的输入/输出类来实现的。这个包在后续介绍文件操作的时候，会经常用到。

（3）java. util 包：包含集合框架、遗留的 collection 类、事件模型、日期和时间设施、国际化和各种实用工具类（字符串标记生成器、随机数生成器和位数组、日期 Date 类、堆栈 Stack 类、向量 Vector 类等）。

（4）java. awt 包：构建图形用户界面（GUI）的类库，低级绘图操作 Graphics 类，图形界面组件和布局管理如 Checkbox 类、Container 类、Layout-Manger 等，以及界面用户交互控制和事件响应，如 Event 类。

（5）java. awt. image 包：提供创建和修改图像的各种类。使用流框架来处理图像，该框架涉及图像生产者、可选的图像过滤器和图像使用者。此框架使得在获取和生成图像的同时逐步呈现该图像成为可能。而且，该框架允许应用程序丢弃图像使用的存储空间并随时重新生成它。此包提供了多种图像生产者、使用者和过滤器，可以根据图像处理的需要来配置它们。

（6）java. awt. peer 包：很少在程序中直接用到，使得同一个 java 程序在不同的软硬件平台上运行。

（7）java. applet 包：Java Applet 就是用 JAVA 语言编写的一些小应用程序，它们可以直接嵌入到网页中，并能够产生特殊的效果。包含 Applet 的网页被称为 Java – Powered 页，可以称其为 Java 支持的网页。java. applet 包是所有 Applet 小程序的基础类库。它只包含 Applet 类，所有 Applet 小程序都是由该类派生的。

（8）java. net 包：实现网络功能的类库。该包包括访问网络资源的 URL 类，用于通信的套接字 Socket 类，以及网络协议类库，等等。JAVA 语言是一种适合分布式计算机环境的程序开发语言，网络协议类库的主要作用就是支持 Internet 协议，包括 HTTP、Telnet、FTP，等等。

（9）java. lang. reflect 包：提供用于反射对象的工具，利用它可以查出一个未知类的数据字段、方法、构造函数等。

（10）java. util. zip 包：实现文件压缩功能。

（11）java. awt. datatransfer 包：处理数据传输的工具类，包括剪贴板、字符串发送器等。

（12）java. awt. event 包：提供对 AWT 组件的激发的各类事件进行处理的接口和类。

（13）java. sql 包：实现 JDBC 的类库。

（14）java. rmi 包：提供远程连接与载入的支持。

（15）java. security 包：提供安全性方面的有关支持。

8.4 本章练习

（1）创建一个名为 MyPackage 的包的语句是（   ），该语句应该放在程序的位置是（   ）。

（2）加载 mypackage 包中的所有类的命令是（   ）。

（3）简要分析一下"包"在 JAVA 语言中的作用。

（4）自行创建一个包，将我们用于输入的类"EasyIn"放入包内，在编写程序的时候加载该包。

9 图形化用户界面

9.1 图形化用户界面概述

图形化用户界面，即 GUI（Graphical User Interface）的缩写，是指利用可视化的图形，借助按钮、标签、菜单等标准控件，接受和反馈用户的操作指令。到目前为止，JAVA 中有两套实现图形界面的机制，包括 AWT 和 Swing。

AWT（Abstract Window Toolkit）是 JAVA 语言提供的可视化窗口编程工具箱，利用其提供的各种组件就可以方便地编写带有可视化用户界面的程序，可以用于生产平台无关的 GUI 程序。其主要由 C 语言开发，属于重量级的 JAVA 组件。

Swing 是围绕着实现 AWT 各个部分的 API 构筑的。Swing 组件既包括 AWT 中已经提供的 GUI，同时也包括一套高层次的 GUI 组件。其主要由纯 JAVA 代码实现，属于轻量级的 JAVA 组件。

9.2 AWT 概述及其组件

在 java1.0 和 java1.1 中，使用的 GUI 库是 AWT，其设计目标是让程序员构建一个通用的 GUI，使其在所有平台上都能正常显示。

java. awt 包

包	说明
java. awt	AWT 核心包，包括基本组件及其相关类和接口等
java. awt. color	颜色定义及其空间
java. awt. datatransfer	数据传输和剪贴板功能

包	说明
java. awt. dnd	图形化用户界面之间实现拖拽功能
java. awt. event	事件及监听器类
java. awt. font	字体
java. awt. geom	图形绘制
java. awt. image	图像处理
java. awt. print	打印

所谓组件，就是类似于标签、按钮、文本框这样的"零件"，它们是构建图形化用户界面的基本要素，也就是说，没有组件就无法完成图形化用户界面的设计功能。组件（Component）就像一个零件一样被安装在容器（Container）当中，容器可以是面板（Panel）也可以是窗体（Frame）。组件作为参数，通过 add 方法被加载到指定的容器当中。

9.2.1　自建一个窗体

Frame 类继承于 Window 类，而 Window 类继承于 Container 类，但是 Window 类只有简单的窗口框，没有通用的标题栏、边框等，所以我们常用 Frame 类。

1. Frame 类的构造函数

主要有以下两种重载形式：

public Frame( )

public Frame(String title)

例如：

Frame f1 = new Frame( )；　　//创建一个无标题的窗体 f1

Frame f2 = new Frame("abc")；　　//创建一个标题为 abc 的窗体 f2

2. Frame 的常用方法

public void setSize(int width，int height)//设置宽和高

public void setVisible(boolean v)//设置窗口是否可见

public void setResizable(boolean b)//是否可调大小

public void setIconImage(Image m)//设置窗口图标

public void setBounds(int x，int y，int w，int h)

public void pack( )//以紧凑方式显示

public void setMenuBar(MenuBar m)//设置菜单

public void setBackground(Color c)//设置窗体的背景颜色

这些常用方法都是 JAVA 中的自带方法，其命名方式符合我们在第 2 章中介绍的规则。需要注意的是，最后一个方法 setBackground，方法名从第二个单词开始，首字母大写，然而 background 是一个单词，所以要注意不要将字母 g 写成大写，以免造成编译错误。

下面我们就编写一个例程，来创建一个标题为 "my first frame" 的窗体。

【例程 9.1】

```
import java. awt. * ;
class MyFrame
{
    public static void main( String[ ] args)
    {
        Frame mf = new Frame( "my first frame" ) ;
        mf. setSize( 400 ,300 ) ;
        mf. setBackground( Color. red) ;
        mf. setVisible( true) ;
    }
}
```

在这个例程当中，我们首先通过 import 语句加载了 java. awt 包中的所有类，在主函数中通过接受 String 型参数的构造函数初始化了一个标题为 "my first frame" 的窗体，并将其命名为 mf。随后分别设定了该窗体的尺寸、背景颜色和是否可见。该例程的运行效果如图 9 - 1 所示。

窗体的左上角显示的是该窗体的标题 "my first frame"，这里有一个咖啡杯的标志，JAVA 原意是太平洋上的一个小岛的名字，这个小岛上盛产咖啡，因此所有 JAVA 程序都会有一个咖啡杯的标识。目前这个窗体没有任何功能，就连点击右上角的 "×"，也不会关闭窗口，因为此时还没有打开事件监听功能，窗体本身并不知道你在点击它。

下面我们就创建一个可以通过 "×" 来关闭的窗口。

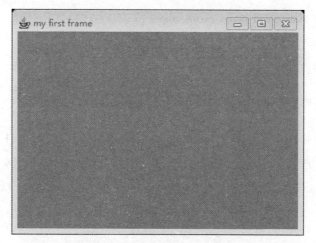

图 9 – 1   自建窗体程序运行结果

【例程 9.2】

```
import java. awt. * ;
import java. awt. event. * ;
class MyFrame2 extends Frame
{
    MyFrame2( String s)
    {
        super( s) ;
        setSize( 400 ,300) ;
        setBackground( Color. green) ;
        setVisible( true) ;
        this. addWindowListener( new WindowAdapter( ) {
        public void windowClosing( WindowEvent e)
        {
            dispose( ) ;
            System. exit( 0) ;
        }
    } ) ;
    }
```

```
public static void main(String args[ ])
{
    MyFrame2 mf2 = new MyFrame2("我的第二个窗口");
}
}
```

这个程序中，需要利用 import java. awt. event. *加载事件处理程序必需的类，在方法 windowClosing（）中利用语句 System. exit（0）来退出程序，也就是点击"×"之后不但关闭窗口还要退出该程序，括号里的参数如果是"0"则表示正常退出，如果非"0"则表示异常退出。如图 9 - 2 所示。

图 9 - 2　可以关闭的窗口

9.2.2　AWT 组件

组件是构成图形化用户界面 GUI 的基本要素，其实都是 JAVA 语言自带的类，通过对事件的监听及响应完成相互之间或者其与用户之间的交互。组件在被初始化以后，通过 add 方法"镶嵌"到容器之中，比如之前我们介绍过的窗体 Frame 之中。

1. 标签（Label）

标签用于在容器中直接显示文本信息，对标签型对象进行初始化的构造方法有两种重载形式：

Label( ); Label(String text, int aligment)

Label( )用来产生一个空标签,例如:

　　Label( ) la = new Label( );

　　Label（String text, int aligment） 中, aligment 参数用来表示标签中文字的对齐方式, 其取值如果是 Label. LEFT, 则标签中文字以左对齐的方式显示; 如果其取值是 Label. RIGHT, 则标签中文字以右对齐的方式显示; 如果其取值是 Label. CENTER, 则标签中文字居中显示。参数 aligment 的取值可以是缺省的, 这时编译器就会默认该标签为左对齐显示。另外, 需要注意的是 CEN-TER 的拼写方式, 在 JAVA 语言中遇到的单词, 如果存在美式拼写与英式拼写不一致的情况, 一律遵照美式拼写方式。

　　标签中的常用方法包括:

　　public String getText( ) //得到标签文本

　　public void setText(String s)//为标签设置只读文本信息

　　public void setAlignment(int align) //设置对齐方式

　　public void setBackground(Color c)//设置背景颜色

　　public void setForeground(Color c)//设置字体颜色

【例程 9.3】

```
import java. awt. * ;
import java. applet. * ;
class LabelDemo extends Applet
{
    Label la1 = new Label("我是标签 1", Label. RIGHT) ;
    Label la2 = new Label("我是标签 2", Label. RIGHT) ;
    public LabelDemo( )
    {
        add( la1) ;
        add( la2) ;
        la1. setBackground( Color. YELLOW) ;
        la2. setForeground( Color. RED) ;
    }
```

```
        public static void main(String args[ ])
        {
            Frame f = new Frame("标签测试窗口");
            LabelDemo ld = new LabelDemo( );
            f. add(ld);
            f. setSize(400,300);
            f. setBackground(Color. LIGHT_GRAY);
            f. setVisible(true);
        }
    }
```

标签测试如图 9 - 3 所示。

图 9 - 3   标签测试

2. 按钮（Button）

按钮是 GUI 中的重要组件，它可以接收鼠标左键点击的触发，并按照程序设计功能进行相应的响应。

创建按钮的时候需要用到如下构造方法：

public Button（String str）

参数 str 并不是按钮的名称，而是将显示在按钮上的文字。这个构造方法也可以不接受参数，则该按钮上不显示任何文字。

实际调用中可以写作：

Button b = new Button("start");

这样将创建一个名叫"b"的按钮，在这个按钮上显示"start"。

按钮的一个重要功能就是，在用户用鼠标左键点击按钮的时候，可以触发事件处理系统做出相应反馈。这就需要该类实现 ActionListener 接口，例如：

class Example implements ActionListener

然后通过语句 btn. addActionListener（this）；添加按钮的事件监听功能，也就是让按钮能够意识到你在利用鼠标左键点击它。

点击按钮后，程序做出的反应被编写在事件处理方法 actionPerformed 当中，actionPerformed 是接口 ActionListener 中的抽象方法，因此在类中覆盖此方法时，要注意该方法的名称、参数、返回值类型都要与定义的抽象方法完全一致。

例如：

public void actionPerformed(ActionEvent e)

　{

if(e. getSource( ) = = btn)

　System. out. println("我被单击了!");

　}

下面我们设计这样一个程序，在一个窗体内添加三个按钮，按钮上分别写有“start”“clear”“exit”的字样。这三个按钮的功能分别是，在标签上显示一行文字，清除标签中的文字，以及实现退出程序的功能。

【例程9.4】

```java
import java. awt. * ;
import java. applet. * ;
import java. awt. event. * ;
class LabelDemo extends Applet implements ActionListener
　{
　　Button b1 = new Button( "start" ) ;
　　Button b2 = new Button( "clear" ) ;
　　Button b3 = new Button( "exit" ) ;
　　Label la = new Label( ) ;
　　public LabelDemo( )
　　　{
```

```
        add( b1 ) ;
        add( b2 ) ;
        add( b3 ) ;
        add( la ) ;
        b1. addActionListener( this ) ;
        b2. addActionListener( this ) ;
        b3. addActionListener( this ) ;
    }
    public void actionPerformed( ActionEvent e )
    {
        if( e. getSource( ) = = b1 )
        {
            la. setText( "按钮" start" 被点击了" ) ;
        }
        if( e. getSource( ) = = b2 )
        {
            la. setText( " " ) ;
        }
        if( e. getSource( ) = = b3 )
        {
            System. exit( 0 ) ;
        }
    }
    public static void main( String[ ] args )
    {
        Frame f = new Frame( "按钮测试程序" ) ;
        ButtonDemo bd = new ButtonDemo( ) ;
        f. add( bd ) ;
        f. setSize( 400 ,300 ) ;
        f. setBackground( Color. LIGHT_GRAY ) ;
```

```
        f. setVisible(true);
    }
}
```

点击 start 的运行效果如图 9 - 4 所示。

图 9 - 4　点击 start 的运行效果

点击 clear 的运行效果如图 9 - 5 所示。

图 9 - 5　点击 clear 的运行效果

3. 文本框（TextField）

文本框（TextField）是一个单行的文本输入/输出区域。创建 TextField 类对象格式包括：

public TextField();　　//用来创建一个空白的文本框

public TextField(String str);　　//用来创建一个带有指定文本内容 str 的文本框,该内容在程序运行中可以修改。

public TextField(int n);　　//用来创建一个指定列数的文本框。

public TextField(String str, int n);　　//用来创建一个具有指定文本内容和指定列数的文本框。

文本框中的常用方法包括：

public String getText()　　//取得文本框内容

public String getSelectedText( )　　//取得文本框中被选择的内容

public void setText(String s)　　//设置文本框的内容

public void setEchoChar(char c)　　//设置回显字符

public void setEditable(boolean b)　　//设置文本框是否可以编辑

public void setBackground(Color c)　　//设置背景颜色

public void setForeground(Color c)　　//设置前景颜色

　　下面我们设计这样一个程序，界面上有一个文本框和一个标签，在文本框内输入若干文字，点击"复制"按钮，则将文本框内的文字复制到标签上，点击退出按钮退出。

【例程9.5】

```
import java. awt. * ;

import java. applet. * ;

import java. awt. event. * ;

class TextFieldDemo extends Applet implements ActionListener
{
    TextField tf = new TextField(10);

    Label la = new Label("输入文字并点击复制按钮");

    Button b1 = new Button("复制");

    Button b2 = new Button("退出");

    public TextFieldDemo( )
    {
        add (tf);

        add(b1);

        add(b2);

        add(la);

        b1. addActionListener(this);

        b2. addActionListener(this);
    }
    public void actionPerformed(ActionEvent e)
    {
```

```
        if( e. getSource( ) = = b1 )
        {
            la. setText( tf. getText( ) ) ;
        }
        if( e. getSource( ) = = b2 )
        {
            System. exit(0) ;
        }
    }

    public static void main( String[ ] args)
    {
        Frame f = new Frame( "文本框测试程序" ) ;
        TextFieldDemo tfd = new TextFieldDemo( ) ;
        f. add( tfd) ;
        f. setSize( 300 ,200) ;
        f. setBackground( Color. LIGHT_GRAY) ;
        f. setVisible( true) ;
    }
}
```

程序 TextFieldDemo 的运行结果如图 9 - 6 所示。

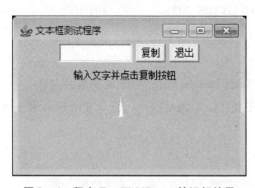

图 9 - 6　程序 TextFieldDemo 的运行结果

点击复制按钮后的运行效果如图 9 - 7 所示。

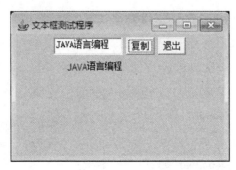

图 9 - 7 　点击复制按钮后的运行效果

4. 文本区（TextArea）

文本区（TextArea）是一个多行多列的文本输入/输出框，创建 TextArea 类对象格式包括：

public TextArea（）；　　//创建一个有水平和垂直滚动条的空白文本区。

public TextArea（int r，int c）　　//创建一个指定行数 r 列数 c，并具有水平和垂直滚动条的空白文本区。

public TextArea（String s，int r，int c，int scroll）；　　//创建一个具有初始文本内容的文本区，r 和 c 分别代表行和列，int 型参数 scroll 指定要显示的滚动条。

其中 scroll 取值如下：

TextArea. SCROLLBARS_BOTH 　　//水平和垂直滚动条都有

TextArea. SCROLLBARS_HORIZONTAL_ONLY 　　//只有水平滚动条

TextArea. SCROLLBARS_VERTICAL_ONLY 　　//只有垂直滚动条

TextArea. SCROLLBARS_NONE 　　//没有滚动条

文本区（TextArea）的常用方法包括：

public String getText( )　　//取得文本区内容

public void setText(String s)　　//设置文本区内容

public void setEditable(boolean)　　//将文本区设置为不可编辑或者可编辑状态

public void setColumns(int c)　　//设置文本区的列数

public int getColumns( )　　//返回文本区的列数

public void setRows(int r)　　//设置文本区的行数

public int getRows( )　　//返回文本区的行数

public void append(String s)　　//将 s 追加到文本区中

public int getCaretPosition()　　//取得当前插入位置

public void insert(String s,int p)　　//在位置 p 处插入 s

public String getSelectedText()　　//取得选定文本

public int getSelectionStart()　　//取得选定文本的起始位置

public int getSelectionEnd()　　//取得选定文本的结束位置

public void replaceRange(String ss,int s,int e)　　//用 ss 代替文本区从 s 开始到 e 结束的内容。

下面我们编写一个应用程序，在 GUI 界面中放置两个文本区、一个文本框和四个按钮。文本框用来输入内容，第一个文本区用来显示内容，并添加 TextListener 监听器，当其内容发生改变时，将其内容显示在第二个文本区中，三个按钮各自完成相关操作：添加、插入、替换和退出。

【例程 9.6】

```
import java. awt. * ;
import java. applet. Applet;
import java. awt. event. * ;
class TextAreaDemo extends Applet implements ActionListener, TextListener
{
    TextArea ta = new TextArea(4,30);
    TextArea tb = new TextArea(4,30);
    TextField tf = new TextField(10);
    Button btn1 = new Button("添加");
    Button btn2 = new Button("插入");
    Button btn3 = new Button("替换");
    Button btn4 = new Button("退出");
    public TextAreaDemo()
    {
        add(ta);add(tf);
        add(btn1);add(btn2);add(btn3);add(btn4);
        add(tb);
```

```java
        btn1. addActionListener( this) ;
        btn2. addActionListener( this) ;
        btn3. addActionListener( this) ;
        btn4. addActionListener( this) ;
        ta. addTextListener( this) ;
    }
public void actionPerformed( ActionEvent e)
{
    if( e. getActionCommand( ). equals("添加"))
    {
            ta. append( tf. getText( )) ;    //以追加方式将文本框内容加
                                        入到 ta
            tf. setText("") ;
    }
    if( e. getActionCommand( ). equals("插入"))
    {
            //在当前光标位置插入 tf 的内容
            ta. insert( tf. getText( ) ,ta. getCaretPosition( )) ;
            tf. setText("") ;
    }
    if( e. getActionCommand( ). equals("替换"))
    {
            int k0 = ta. getSelectionStart( ) ;
            int k1 = ta. getSelectionEnd( ) ;
            ta. replaceRange( tf. getText( ) ,k0,k1) ;
    }
    if( e. getActionCommand( ). equals("退出"))
    {
            System. exit(0) ;
    }
```

```
public void textValueChanged(TextEvent e)
{
        if(e. getSource( ). equals(ta))
        tb. setText(ta. getText( )) ;
}
public static void main(String[ ] args)
{
        Frame f = new Frame("文本区测试程序") ;
        TextAreaDemo tad = new TextAreaDemo( ) ;
        f. add(tad) ;
        f. setSize(400 ,300) ;
        f. setBackground(Color. LIGHT_GRAY) ;
        f. setVisible(true) ;
}
}
```

程序 TextAreaDemo 的运行结果如图 9 - 8 所示。

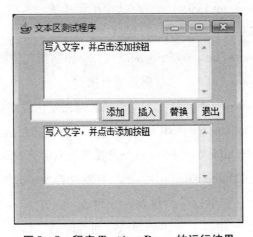

图 9 - 8　程序 TextAreaDemo 的运行结果

5. 列表（List）

列表（List）是可供用户进行选择的一系列可选项，既支持单项选择，也支持多项选择。创建列表 List 类对象格式包括：

141

public List( )　　// 用来创建一个单选列表

public List(int rows)　　//用来创建一个指定选项数为 rows 个的单选列表

public List(int rows,boolean multipleMode)　　//用来创建一个指定选项数为 rows 个的列表，boolean 型参数 multipleMode 如果为 true，为多选列表；否则，为单选列表。

单击触发 ItemEvent 事件，由 ItemListener 接口中的 ItemStateChanged（ ）方法处理事件，用 getItemSelectable（ ）方法获得事件源。用 addItemListener（this）方法添加监听器。双击触发 ActionEvent 事件，由 ActionListener 接口中的 actionPerformed（ ）方法处理事件，用 getSource（ ）方法获得事件源。用 addActionListener（this）方法添加监听器。

列表（List）的常用方法包括：

public int getSelectIndex( )　　//取得被选项索引号

public int[ ] getSelectIndexes( )　　//取得多个被选项索引号

public String getSelectItem( )　　//取得被选项

public String[ ] getSelectItems( )　　//取得多个被选项

public int getItemCount( )　　//取得选项数

public void select(int index)　　//选定指定选项

public int getRows( )　　//取得可视行数

public void remove(int pos|String str)　　//删除指定位置或内容的选项

public void removeAll( )　　//删除所有选项

public void deselect(int pos)　　//取消选定指定位置的选项

public boolean isIndexSelected(int pos)　　//判断指定选项是否被选中

public void setMultipleMode( )　　//设置多选或单选模式

public boolean isMultipleMode( )　　//判断是否为多选模式

下面我们创建一个小程序，放置一个列表、一个文本框以及四个按钮。文本框用来输入/输出内容，按钮分别执行列表框的"加入""删除""全部删除"以及"退出"操作。

【例程9.7】

import java. awt. ＊;

import java. applet. ＊;

```
import java. awt. event. * ;
public class ListDemo extends Applet implements ItemListener, ActionListener
{
Button btn1 = new Button("加入");
Button btn2 = new Button("删除");
Button btn3 = new Button("删除全部");
Button btn4 = new Button("退出");
List list = new List(5,false);
TextField tf = new TextField(30);
public ListDemo( )
{
    add(list);
  add(tf);
  add(btn1);add(btn2);add(btn3);add(btn4);
    list. addItemListener(this);
    btn1. addActionListener(this);
    btn2. addActionListener(this);
    btn3. addActionListener(this);
    btn4. addActionListener(this);
}
public void itemStateChanged(ItemEvent e)
{
    String s = "";
    if(e. getItemSelectable( ). equals(list))
    {
      String[ ] L;
      L = list. getSelectedItems( );
      for(int i =0;i < L. length;i + +)
      {
        if(s!  = "")
```

```
                    s = s + "," + L[ i ];
            else
                    s = L[ i ];
        }
            tf. setText( "您选中的是:" + s );
    }
}
public void actionPerformed( ActionEvent e )
{
        if( e. getSource( ) = = btn1 )
        {
            list. add( tf. getText( ) );
            tf. setText( "" );
        }
        if( e. getSource( ) = = btn2 )
        {
            list. remove( list. getSelectedIndex( ) );
            tf. setText( "" );
        }
        if( e. getSource( ) = = btn3 )
            list. removeAll( );
        if( e. getSource( ) = = btn4 )
            System. exit( 0 );
}
    public static void main( String[ ] args )
    {
        Frame f = new Frame( "列表测试程序" );
        ListDemo ld = new ListDemo( );
        f. add( ld );
        f. setSize( 400 ,200 );
```

f. setBackground(Color. LIGHT_GRAY) ;

f. setVisible(true) ;

}

}

列表测试程序的运行结果如图 9 - 9 所示。

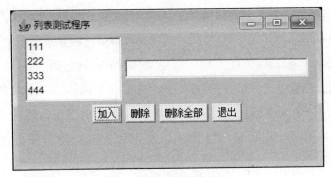

图 9 - 9 列表测试程序的运行结果

6. 单选框 (Checkbox)

创建单选框的格式包括:

public Checkbox (String str, Boolean state, CheckboxGroup group) ;

public Checkbox (String str, CheckboxGroup group, Boolean state) ;

单选框不可单独使用, 经常是将若干个 Checkbox 包含在一个选框组中来实现, 选框组是 Java 自带的一个类 (CheckboxGroup)。所以我们要使用单选框必须先创建一个选框组 CheckboxGroup 对象, 然后再创建若干个 Checkbox 对象, 并将它们加到 CheckboxGroup 对象中。

参数 str 作为标签写在该单选框的后边, 参数 state 决定了单选框的初始状态, 如果其取值为 true 则该单选框被初始化为 "已选择" 的状态, 否则就被初始化为 "未选择" 的状态, 在一个选框组中只能有一个单选框处于 "已选择" 的状态。用参数 group 标识该单选框所处的选框组。参数 state 与参数 group 的位置可以互换。

例如:

CheckboxGroup cbg = new CheckboxGroup( ) ;

```
Checkbox cb1 = new Checkbox("国家级", cbg, true );
Checkbox cb2 = new Checkbox("省部级", cbg, false );
Checkbox cb3 = new Checkbox("厅局级", cbg, false );
```

用户对单选组的操作将引发 ItemEvent 事件，由已经实现了 ItemListener 接口的类进行处理。

单选框常用方法包括：

```
public void setState(boolean state)     //设置单选框状态
public boolean getState( )              //取得单选框状态
public String getLabel( )               //取得单选框标题
```

下面我们创建一个 JAVA 应用程序，放置一个标签、五个单选框用于表示"成绩"，一个文本框用于进行输出以及一个退出按钮。每一个单选框都添加 addItemListener 监听器，当其状态发生改变时，将引发事件 itemStateChanged。

【例程 9.8】

```
import java. awt. * ;
import java. applet. * ;
import java. awt. event. * ;
public class CheckboxDemo extends Applet implements ItemListener,ActionListener
{
        String interesting[ ] = {"优秀","良好","中等","及格","不及格"};
        Checkbox C[ ] = new Checkbox[5];
        TextField tf = new TextField(40);
        Button btn = new Button("退出");
        public CheckboxDemo( )
    {
            CheckboxGroup c = new CheckboxGroup( );
            add( new Label("毕业设计成绩:"));
            for( int i =0;i <5;i + + )
            {
                    C[i] = new Checkbox(interesting[i],c,false);
```

```
                    add( C[ i ] ) ;
                    C[ i ]. addItemListener( this ) ;
            }
        add( tf ) ;
        add( btn ) ;
        btn. addActionListener( this ) ;
    }
    public void itemStateChanged( ItemEvent e )
    {
        String s = " " ;
        for( int i = 0 ;i < 5 ;i + + )
        {
                if( C[ i ]. getState( ) )
                    s = C[ i ]. getLabel( ) ;
        }
            if( s! = " " )
                tf. setText( " 毕业设计的成绩为:" + s ) ;
    }
    public void actionPerformed( ActionEvent e )
    {
        if( e. getSource( ) = = btn )
        {
            System. exit( 0 ) ;
        }
    }
    public static void main( String[ ] args )
    {
        Frame f = new Frame( "单选框测试程序" ) ;
        CheckboxDemo cd = new CheckboxDemo( ) ;
        f. add( cd ) ;
```

```
            f. setSize(400,300);
            f. setBackground(Color. LIGHT_GRAY);
            f. setVisible(true);
        }
    }
```

单选框测试程序如图 9 - 10 所示。

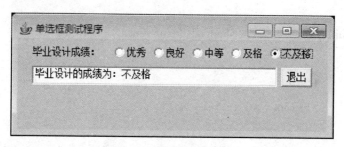

图 9 - 10　单选框测试程序

7. 复选框

复选框是一个带标签的小方块，具有"开"和"关"两种状态。复选框选择或取消会引发 ItemEvent 事件，引入接口 ItemListener，使用其抽象方法 itemStateChanged。创建复选框的格式包括：

public Checkbox ( );　　//创建一个不带标签，初始状态为"关"的复选框

public Checkbox (String str);　　//创建一个标签为 str，初始状态为"关"的复选框

public Checkbox (String str, boolean state);　　//创建一个标签为 str 的复选框，其初始状态由布尔型变量 state 的值决定，其值为"false"，则初始状态为"关"，否则，初始状态为"开"。

复选框的常用方法包括：

public void setState(boolean state)　　//设置复选框状态

public boolean getState( )　　　　//取得复选框状态

public String getLabel( )　　　　//取得复选框标题

下面我们创建一个JAVA 应用程序，利用复选框的形式选择出本书中对你最有帮助的章节，GUI 中的文本框作为输出区域显示这些章节。

【例程 9.9】

```
import java. awt. * ;

import java. applet. * ;

import java. awt. event. * ;

public class CheckboxDemo2 extends Applet implements ItemListener, ActionListener
{
    String interesting[ ] = {"第 1 章","第 2 章","第 3 章","第 4 章","第
5 章","第 6 章","第 7 章","第 8 章","第 9 章"};
    Checkbox C[ ] = new Checkbox[9];
    TextField tf = new TextField(40);
    Button btn = new Button("退出");
    public CheckboxDemo2( )
    {
        add(new Label("本书的哪几章对你最有帮助:"));
        for( int i = 0;i < 9;i + + )
        {
            C[i] = new Checkbox(interesting[i]);
            add(C[i]);
            C[i]. addItemListener(this);
        }
        add(tf);
    add(btn);
    btn. addActionListener(this);
    }
//当复选框的状态发生改变时,将引发该事件
    public void itemStateChanged(ItemEvent e)
    {
        String s = "";
        for( int i = 0;i < 9;i + + )
        {
```

```java
                    if( C[ i ]. getState( ) )
                    {
                        if( s! = "" )
                            s = s + "、" + C[ i ]. getLabel( ) ;
                        else
                            s = C[ i ]. getLabel( ) ;
                    }
                }
            if( s! = "" )
                tf. setText( "对你最有帮助的章节是:" + s ) ;
    }
    public void actionPerformed( ActionEvent e)
    {
        if( e. getSource( ) = = btn)
        {
            System. exit( 0 ) ;
        }
    }
    public static void main( String[ ] args)
    {
        Frame f = new Frame( "复选框测试程序" ) ;
        CheckboxDemo2 cd2 = new CheckboxDemo2( ) ;
        f. add( cd2 ) ;
        f. setSize( 400 ,300 ) ;
        f. setBackground( Color. LIGHT_GRAY ) ;
        f. setVisible( true ) ;
    }
}
```

复选框测试程序的运行结果如图 9 – 11 所示。

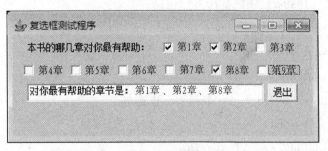

图 9 – 11　复选框测试程序的运行结果

8. 对话框（Dialog）

对话框（Dialog）是 GUI 中常见的窗体对象，也就是说，对话框（Dialog）和窗体（Frame）都是 Window 的子类。两者最大的区别在于，对话框是不能独立存在的，它必须依附于某个 Frame 之上，如果该 Frame 关闭了，那么依附于其上的对话框也就随之关闭了。

创建一个对话框的格式包括：

public Dialog（Frame owner, String title）；//创建一个依附于 owner 窗体的对话框，title 是该对话框的标题。

public Dialog（Frame owner, String title, boolean modal）；//创建一个依附于 owner 窗体的、标题为 title 的对话框，并指定该对话框是否必须相应。所谓必须相应，就是对话框出现后，操作者必须单击其中的某一个按钮，程序才能继续执行。变量 modal 的值是"true"，该对话框就是必须相应对话框，否则，则可以不相应该对话框。

以上两种重载形式，是创建对话框时最常用的方式，除此之外还包括 5 种创建对话框的格式。

public Dialog(Dialog owner)；

public Dialog(Dialog owner, String title)；

public Dialog(Dialog owner, String title, boolean modal)；

public Dialog(Frame owner)；

public Dialog(Frame owner, boolean modal)；

以上 5 种重载形式中，参数 owner 代表对话框所依附的对象，title 是对话框的标题，modal 代表是否强制相应该对话框。

对话框 （Dialog） 中的常用方法包括：

public void setSize(int width , int height) //设置宽和高

public void setVisible(boolean v) //设置对话框是否可见

public void dispose( ) //消除对话框

public String getTitle( ) //取得对话框标题

public void setTitle(String str) //设置对话框标题

public void hide( ) //隐藏对话框

public void show( ) //显示对话框

public boolean isModal(boolean v) //判断对话框是否为强制模式

public boolean isResizable( ) //判断对话框是否可以改变大小

public void setModal(boolean v) //设置对话框模式

下面我们创建一个对话框示例程序，点击窗体中的按钮将会弹出一个对话框。

【例程 9.10】

```java
import java. awt. * ;
import java. awt. event. * ;
class DialogDemo extends WindowAdapter implements ActionListener
{
    Frame f = new Frame( "对话框测试程序" );
    Button btn = new Button( "点击显示对话框" );
    Dialog d = new Dialog( f , "第一个对话框" , true );
    public void start( )
    {
        btn. addActionListener( this );
        f. add( btn );
        d. add( "Center" , new Label( "对话框出现" ));
        d. pack( );
        d. addWindowListener( this );
        f. setSize( 300 , 150 );
        f. setBackground( Color. LIGHT_GRAY );
```

```
        f. setVisible( true) ;
        f. addWindowListener( new WindowAdapter( ) {
            public void windowClosing( WindowEvent e)
            {
                System. exit( 0) ;
            }
        }) ;
    }
    public void actionPerformed( ActionEvent e)
    {
        d. setVisible( true) ;
    }
    public void windowClosing( WindowEvent e)
    {
        d. setVisible( false) ;
    }
    public static void main( String[ ] args)
    {
        DialogDemo dd = new DialogDemo( ) ;
        dd. start( ) ;
    }
}
```

对话框测试程序的运行结果如图 9 – 12 所示。

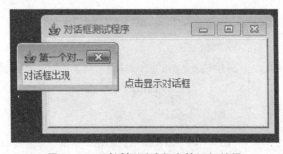

图 9 – 12　对话框测试程序的运行结果

9.3 本章练习

（1）编写一个 Frame 框架应用程序，要求如下：

①在窗口设置两个菜单"文件""编辑"。

②在"文件"菜单里添加三个菜单项"打开""保存""关闭"。

③在"编辑"菜单里添加两个菜单项"复制""粘贴"。

④点击关闭菜单项时，使程序关闭。

（2）编写一个计算器程序。

（3）使用 m 匹马驮 n 袋货物，大马驮 3 袋，中马驮 2 袋，3 匹小马共驮 1 袋，请按照图 9 – 13 编写程序，计算大马、中马和小马的分配方案。其中 m 和 n 从键盘输入。

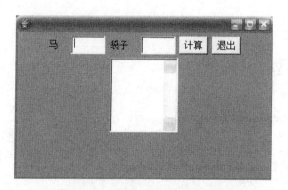

图 9 – 13 问题（3）的运行结果

（4）编写程序，点击升温/降温按钮可以每次升高/降低 1 摄氏度，初始温度为 25 摄氏度，如果温度低于 20 摄氏度或者高于 30 摄氏度则"ALARM"出现，如图 9 – 14 所示。

图 9 – 14 温度警报器的运行结果

154

参考文献

［1］辛运帏，饶一梅．JAVA 语言程序设计［M］．北京：人民邮电出版社，2009．

［2］娄不夜．JAVA 程序设计［M］．北京：清华大学出版社，2005．

［3］DEITEL. JAVA how to program［M］. New Jersey：PRENTICE HALL，2012．

［4］THOMAS A. STANDISH. JAVA 数据结构［M］．北京：清华大学出版社，2004．

［5］刘丽华．JAVA 程序设计案例教程［M］．北京：化学工业出版社，2008．

［6］赵海廷，胡雯．JAVA 程序设计教程［M］．武汉：武汉大学出版社，2010．

［7］林信良．JAVA JDK8 学习笔记［M］．北京：清华大学出版社，2015．

［8］QUENTIN CHARATAN, AARON KANS. JAVA the first semester［M］. London：McGraw－Hill Publishing Company，2001．